BIOLOGICAL
MYSTERY
SERIES
PRO

9

古第三紀・新第三紀・第四紀の生物

上巻

群馬県立自然史博物館 監修

土屋 健 著

CENOZOIC ERA

技術評論社

はじめに

—— ロボが、側近のよりすぐった手下を連れて現れると、牛の群れはいいようのない恐怖にかられ、また牛の持ち主たちの間には怒りと絶望が渦巻いた ——
集英社文庫『シートン動物記 狼王ロボ』より

　技術評論社の"古生物ミステリーシリーズ"第9巻をお届けします。

　いよいよ「哺乳類の時代」になりました。動物園や水族館で出会うような"身近な動物"の祖先たちが、さまざまな場所で栄枯盛衰を繰り広げます。本書の表紙を飾るサーベルタイガー「スミロドン」をはじめ、狼王ロボ並みの巨体をもつオオカミ「ダイアウルフ」、小型犬並みの小さなウマ「ヒラコテリウム」、ウのような姿のペンギン「ワイマヌ」、現生ライオンよりも一回り大きな絶滅肉食動物「アンドリュウサルクス」、マメジカのような姿をしたクジラ「パキケトゥス」……。魅力的で愛らしく、カッコイイ古生物たちは本書でも"健在"です。

　今回は、新生代を構成する三つの地質時代「古第三紀」「新第三紀」「第四紀」を、2冊に分けて綴ることにしました。古第三紀を第1部、新第三紀を第2部、第四紀を第3部としています。そして、この三つの地質時代すべてにまたがる物語として、第零部を設けました。本書には第零部と第1部を、次巻に第2部と第3部を収録しています。

　本シリーズは、群馬県立自然史博物館に総監修をいただいております。今回も、同館のみなさまには標本撮影についてもご協力いただきました。ワニのようでワニではない爬虫類であるコリストデラ類については、神奈川県立生命の星・地球博物館の松本涼子学芸員、ペンギン類については足寄動物化石博物館の安藤達郎学芸員、ク

ジラ類については国立科学博物館の甲能直樹研究主幹にご協力いただきました。また、標本撮影に関しては、足寄動物化石博物館のみなさま、国立科学博物館のみなさまにもご協力いただいています。そして、今回も世界中のみなさまに、貴重な標本の画像をご提供いただきました。お忙しいなか、本当にありがとうございます。重ねてお礼申し上げます。

　制作スタッフは、いつものメンバーです。イラストはえるしまさく氏と小堀文彦氏、写真撮影は安友康博氏、資料収集や地図作図は妻（土屋香）です。デザインは、WSB inc.の横山明彦氏。編集はドゥ アンド ドゥ プランニングの伊藤あずさ氏、小杉みのり氏、技術評論社の大倉誠二氏でお送りしています。

　今回も、この本を手に取ってくださっているあなたに、大々々感謝を。いよいよ新生代……これまでのどの時代よりも情報量の「濃い」時代の上下巻です。残りは"たった"6600万年間。ぜひ、私たちの"隣人"たちが辿った物語にご注目ください。

　このシリーズは、どの巻から読み進めてもお楽しみいただける仕様を目指しています。本書と次巻は上下巻構成ですが、お気に入りの時代や生物を扱った巻だけでもご堪能いただけます。とはいえ、やはりおすすめは上下巻セットでお読みいただくことです。もしシリーズ1巻から手に取っていただけたなら、6億年の壮大な物語を味わうことができるでしょう。

　それでは、今回も愛嬌ある古生物たちの世界をご堪能ください。

2016年7月

筆者

目次

地質年表 …………………………………………… 6

新生代 第零部 …………………………………… 7

1 「人類最良の友」たち ………………………… 8
新たな時代 …………………………………… 8
"人類最良の友"の始まり …………………… 9
イヌとネコの分岐点 ………………………… 11
"剣歯虎"の登場！ …………………………… 12
「真の剣歯虎」たち …………………………… 17
そして、スミロドン ………………………… 24
こちらも"人類最良の友" …………………… 29
そして、ダイアウルフ ……………………… 33
友との出会い ………………………………… 35
クマへの道 …………………………………… 37
ネコ類 VS イヌ類 …………………………… 41

2 もっと速く、もっと大きく …………………… 42
教科書的な存在 ……………………………… 42
始まりは「4本指」…………………………… 42
「1本指」へ …………………………………… 46
巨獣の始まり ………………………………… 53
そして、鼻はのびた ………………………… 59
愉快な(?)長鼻類たち ………………………… 65

第1部 古第三紀 ………………………………… 69

1 大量絶滅事件の生き残り ……………………… 70
第一紀、第二紀、第三紀 …………………… 70
古第三紀という時代 ………………………… 71
大量絶滅事件を乗り越えた謎の爬虫類 …… 73
「口蓋の歯」の使い方 ………………………… 79
史上最大のヘビ ……………………………… 80
台頭した「飛べない鳥」……………………… 82
魚たちの新時代 ……………………………… 85

2 鳥類、"水中"へ進撃す ………………………… 86
ペンギン、登場す …………………………… 86
ペンギン、躍進す …………………………… 89
ペンギン、大型化す ………………………… 92
ペンギンモドキ、遅れて登場す …………… 95
ペンギン様鳥類、敗北す …………………… 99

3	緑の川、白の川 ……………………………	100
	魚類化石といえば、グリーンリバー ………	100
	空飛ぶ哺乳類と、さまざまな動物たち ………	103
	哺乳類化石のホワイトリバー ………………	107

4	またもやドイツに"窓"は開く ………………	112
	廃棄物処理場？ ……………………………	112
	細部まで残された化石 ……………………	114
	鳥媒、始まる ………………………………	122
	ヒトの祖先といわれた「イーダ」……………	124

5	バルトの琥珀 ………………………………	128
	樹脂に閉じ込められた世界 ………………	128
	ブルー・アース ……………………………	129
	琥珀林の生き物たち ………………………	130

6	哺乳類！哺乳類！哺乳類!! …………………	**136**
	哺乳類、"大攻勢"に出る！ ………………	136
	"大攻勢"、再び …………………………	141
	史上最大の陸上哺乳類の"名前"は三つ？ ………	144
	"短命"の奇蹄類 …………………………	146
	不思議な重量級 ……………………………	149

7	哺乳類、海へ ………………………………	152
	故郷はインド、パキスタン ………………	152
	そして、海へ ………………………………	155
	"王"の登場 ………………………………	162
	歯のあるヒゲクジラ ………………………	168

もっと詳しく知りたい読者のための参考資料 ……………… 174

索引 ……………………………………………………… 179

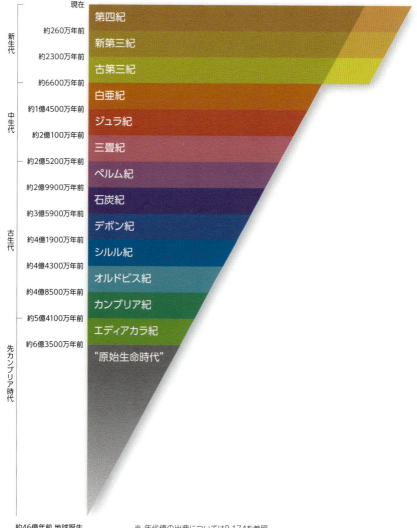

古第三紀・新第三紀・第四紀　上巻

新生代　第零部

CENOZOIC
ERA

新生代　第零部

1 「人類最良の友」たち

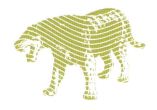

新たな時代

　今から約6600万年前。地球に衝突した一つの巨大な隕石が、この星の動物たちの運命を変えた。それまで1億6000万年以上にわたって栄えてきた恐竜たちは、鳥類という1グループを残して死に絶えた。かわりに地上の覇者として台頭したのが、私たち哺乳類である。「新生代」、新しい時代の幕開けだ。

　新生代は「古第三紀」「新第三紀」「第四紀」の三つの時代で構成されている。本書で紹介するこれら三つの時代は、とにかく期間が短い。約4300万年続いた古第三紀こそ、ほかの地質時代の「紀」と同じくらいの長さであるものの（それでも比較的短い方である）、新第三紀は約2270万年間、第四紀に至っては約258万年間しかない。

　動物たちの進化の系譜を追う場合、必ずしも「紀」と「紀」の間でスッパリと進化のステップが分かれるわけではない。とくにいくつかの動物グループに関しては、「紀」をまたいで考えていった方が断然わかりやすい。新生代ではそれが顕著だ。そこで、本書ではこれまでのシリーズの慣例を捨て、「第零部」を用意することにした。ここでは、「複数の地質時代をまたぐ物語」を紡いでいくつもりだ。扱うのは、私たちがともに日々を過ごしていたり、動物園やテレビ番組などで見たりする機会の多い、身近な三つのグループである。その後、第1部以降はこれまでのシリーズと同じように、時代順に物語を進めていくこととしよう。

　なお、「期間は短い」とはいえ、その情報は濃厚なのでご期待いただきたい。なにしろ、「つい最近」のことである。新生代に関する記録は、これまでのどの時代よりも充実しているのだ。

新生代の年表

紀	世	
第四紀	完新世（かんしんせい）	現在
		約1万年前
	更新世（こうしんせい）	
		約258万年前
新第三紀	鮮新世（せんしんせい）	
		約533万年前
	中新世（ちゅうしんせい）	
		約2300万年前
古第三紀	漸新世（ぜんしんせい）	
		約3390万年前
	始新世（ししんせい）	
		約5600万年前
	暁新世（ぎょうしんせい）	
		約6600万年前

"人類最良の友"の始まり

　私たち現代日本人は、おそらく次の三つのグループに分けられるのではないだろうか？「イヌ派」「ネコ派」「どちらも嫌い派」だ。ちなみに、筆者の家にはこのシリーズを書き始める前からラブラドール・レトリバーがいるし、ちょうどこの原稿を書き始めた時からシェットランド・シープドッグが家族に加わった（というわけで、筆者はイヌ派である。もちろん）。

　日本全国のイヌとネコの飼育実態調査を行っている一般社団法人ペットフード協会のホームページによれば、2015年10月時点で、イヌの飼育数は約992万頭、ネコの飼育数は約987万頭という。総務省の2015年10月の日本の人口推計値が1億2711万人なので、およそ日本人6人に対して1頭の割合で、イヌ、もしくはネコが飼育されているということになる。ちなみに、イヌとネコの合計飼育数は、0～14歳の「年少人口」よりも多い。

　筆者の家で暮らす2頭の例を出すまでもなく、イヌやネコには多数の「品種」が存在することはよく知られている。とくにイヌの場合は、犬種が異なれば姿が異なる例も多い。しかし、実際のところ「犬種」も「猫種」も人為的な動物群であって、生物学的なものではない。生物学的にいえば、すべての犬種はカニス・ファミリアリス（*Canis familiaris*）という一つの種であり、すべての猫種はフェリス・カトゥス（*Felis catus*）という一つの種である（なお、近年、イヌに関してはオオカミの同種、あるいは亜種であるともされており、その場合の学名はカニス・ルプス（*Canis lupus*）、あるいはカニス・ルプス・ファミリアリス（*Canis lupus familiaris*）となる）。本書でとくにことわりなく「イヌ」と書いた場合はカニス・ファミリアリスを、「ネコ」と書いた場合はフェリス・カトゥスを指すこととする。

　現代日本で人気を二分するイヌとネコは、まったく別の動物のように見える。しかし、歴史を遡れば、もともとは同じ動物からその進化は始まった。イヌとネコの共通祖先が存在するのだ。

イヌとネコの共通祖先に近いとみられている動物はいくつかいる。北アメリカの**ミアキス**(*Miacis*) 0-1-1 やブルパブス(*Vulpavus*)、ベルギーのドルマーロキオン(*Dormaalocyon*)などがそうだ。これらの動物は、いずれも見た目は現在のイタチ(*Mustela itatsi*)やフェレット（ヨーロッパケナガイタチ：*Mustela putorius*）に近い。頭胴長（尾をのぞいた体の長さ）は1mにみたず、地上と樹上を生活圏とし、短いながらも力強い四肢をもち、歩行時には指先からかかとまでを接地させる「蹠行性（しょこう）」だったとみられている。なお、この蹠行性と対になる言葉として「趾行性（しこう）」があり、こちらは基本的につま先しか接地しない。蹠行性が安定感に富む一方で、趾行性の方が走行性能に優れる。現生のイヌやネコは趾行性で、私たち人類を含む霊長類はみな蹠行性だ。

新生代の三つの「紀」はそれぞれ、いくつかの「世」に分けられている(▶P.8)。ミアキス、ブルパブス、ドルマーロキオンはいずれも、古第三紀を三つに分ける「世」のなかで2番目に古い「始新世」（約5600万〜3390万年前）に生きていた動物である。3種とも、かつては「ミアキス類」とよばれていたグループに分類される。「かつては」というのは、近年の研究でこのミアキス類に複数の系統があることが明らかになってきたためである。

2014年、ベルギー王立自然史博物館のフロレアル・ソレたちは、始新世最初期のベルギーに生息していた

▼0-1-1
食肉類
ミアキス
Miacis
イヌとネコの共通祖先（に近い）。地上と樹上の両方を生活圏とする小型の哺乳類で、蹠行性だった。

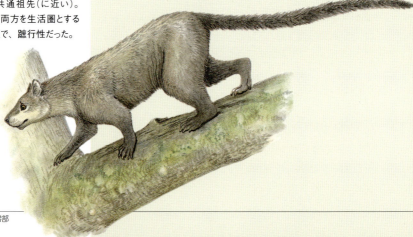

ミアキス・ラトウリ（*Miacis latouri*）を新属ドルマーロキオン・ラトウリ（*Dormaalocyon latouri*）として独立させた。そのうえで、北アメリカのミアキスやブルパブスの祖先は、ヨーロッパに生息していたドルマーロキオンのような原始的な動物が北アメリカに移動したのちに進化したものであると指摘した。

始新世最初期、世界的に海水面が低く、北アメリカとヨーロッパは北回りで往来が可能だったとみられている。イヌとネコの遠い祖先に当たる彼らはヨーロッパから北アメリカへと（おそらく数世代にわたって）"旅"をしてきた、というわけだ。また、当時はとても温暖な時代であり、世界中に亜熱帯の森林が存在していた。樹上生活者にとって好都合な環境があったのだ。

かくして、のちに「人類最良の友」となる動物たちの祖先は北アメリカに到着し、この大陸で進化を重ねていくことになる。

イヌとネコの分岐点

イヌもネコも「食肉類（目）」というグループに属している。ここで、イヌとネコのちがいについてふれておきたい。

イヌとネコに共通するのは、顎の特定の位置に、特定の歯をもつということだ。この歯のことを「裂肉歯」という。文字通り、肉を裂くための歯で、臼歯が変化したものである。イヌの場合は、裂肉歯の後ろに、「食物をすり潰すための臼歯」をもつ。しかしネコの場合、この臼歯はもたない。このことは、イヌが雑食性であることと、ネコが肉食性であることに関係している。

イヌとネコは、骨格に注目すると、ちがいがよりわかりやすい。

まず、イヌの四肢はがっしりとしたつくりで、まっすぐ長くのびている。一方で、ネコの四肢は細く柔軟なつくりになっている。とくに前脚に関しては、イヌは前後方向にしか動かせないが、ネコはヒトと同じようにひねることができる。イヌとともに暮らす人はお気づきか

と思うが、イヌは歩くとカチコチと爪の音が聞こえる。一方、ネコは足音をたてないことが多い（らしい。筆者はネコと暮らしたことがなくてわからないので、ネコを飼う友人談）。このことが示すように、イヌは爪を格納できないが、ネコは爪を格納できる。体全体でみれば、イヌの骨格は比較的頑強で、ネコの骨格は柔軟性に富む。

　これらの骨格のちがいは、祖先が暮らしていた環境を示唆するとみられている。イヌ類とネコ類の共通祖先が出現した時代は、きわめて温暖な気候であり、世界中に大森林があった。しかしその後、気候はしだいに寒冷化し、乾燥化し、森林はしだいに減少して土地が開けていく。この環境変化が、イヌ類とネコ類が道を分かつきっかけとなったのである。

　スペイン、マラガ大学のボルハ・フィゲェリドたちは、北アメリカのイヌ類の肘関節が、現在までの約3700万年の間にどのように進化していったかを研究し、2015年に発表している。この研究によれば、土地が開けて草原になっていくにつれて、イヌの祖先の肘関節は前後方向の動きに制限され、長距離走行仕様に進化していったという。平原を長く走るのに、関節の柔軟性は必要なかったということだ。

　一方でネコ類は、祖先が生活していた森林でそのまま進化を重ねてきたという。樹木の幹や枝をつかむのには、出し入れ可能なつめや柔軟な関節がおおいに役立ったことだろう。

"剣歯虎"の登場！

　イヌとネコが分岐した後のことについては、まず、ネコの方から手をつけよう。ここから先は、国立科学博物館の冨田幸光が著した『新版 絶滅哺乳類図鑑』（2011年刊行）、アメリカ、ジョン・ホプキンス大学のケネス・D・ローズが著した『The Beginning of the Age of Mammals』（2006年刊行）、そして本職の研究者ではないにしろ、世界各地の博物館の復元画を手がけているマウリシオ・アントンによる『Sabertooth』（2013

年刊行)を参考にしながら話を進めていくことにする。

　さて、ネコことフェリス・カトゥスには多くの現生近縁種がいる。たとえば、ライオン(*Panthera leo*)やトラ(*Panthera tigris*)、チーター(*Acinonyx jubatus*)がそうだ。こうした仲間たちを集めて「ネコ類（科）」というグループが作られている。じつは、ネコのような小柄な種は、ネコ類のなかでは珍しい。ライオンにしろ、トラにしろ、ほかの多くのネコ類は、生態系の頂点を争う大型の肉食獣である。

　ネコ類の各動物には、それぞれ近縁のグループが存在する。それらをまとめて「ネコ型類（亜目）」という。古第三紀の始新世後期には、初期のネコ型類として「ニムラブス類（科）」というグループが北アメリカに出現した。

　別のグループとはいえ、ニムラブス類の容貌はネコ類とさして変わらない。ただし、よく見ると、ネコ類と比べて胴と尾が長く、四肢は短い。頭骨のつくりにおいてもネコ類とのちがいがみられるが、そちらは専門家でもなければ見分けることは難しいだろう（ご興味をおもちの方は、さらなる専門書や論文の一読をおすすめする）。また、原始的なニムラブス類はかかとをつけて歩く蹠行性だ。『新版 絶滅哺乳類図鑑』によれば、「木に登ることはできたと思われるが、ふだんの行動は地上だったと考えられている」という。趾行性のネコ類とは明らかに異なる点である。

　誰が見ても一目瞭然なちがいも存在する。ニムラブス類の多くは長い牙（犬歯）をもっていた。彼らはいわゆる「サーベルタイガー」なのである（厳密にいえば、「タイガー」という言葉は当てはまらない。トラはネコ類である）。ニムラブス類の代表的な種として、古第三紀の始新世後期に出現した**ホプロフォネウス・メンタリス**(*Hoplophoneus mentalis*) 0-1-2 と**ディニクチス・フェリナ**(*Dinictis felina*) 0-1-3 を挙げておきたい。

　ホプロフォネウス属は数種が報告されており、ホプロフォネウス・メンタリスはそのなかで最も初期の種である。頭胴長は1m前後で、現生のネコ類でいえば小

▼▶ 0-1-2
ニムラブス類
ホプロフォネウス
Hoplophoneus
ネコ類ではないネコ型類。犬歯が発達している。頭胴長約1m。上は、群馬県立自然史博物館所蔵標本。アメリカ産。下はその復元図。
（Photo：安友康博／オフィス ジオパレオント）

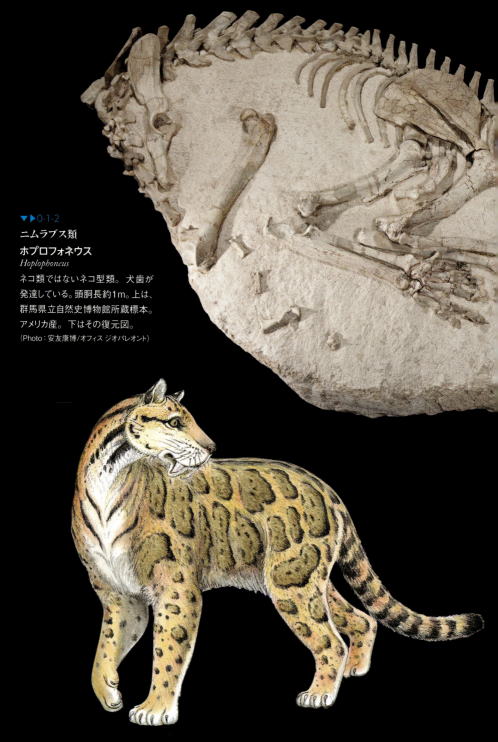

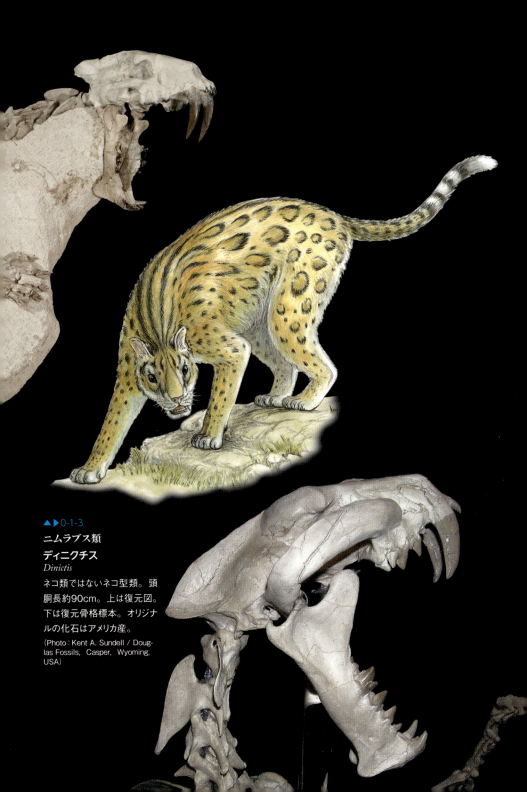

▲▶ 0-1-3
ニムラブス類
ディニクチス
Dinictis
ネコ類ではないネコ型類。頭胴長約90cm。上は復元図。下は復元骨格標本。オリジナルの化石はアメリカ産。
(Photo: Kent A. Sundell / Douglas Fossils, Casper, Wyoming, USA)

柄なヒョウ（*Panthera pardus*）くらいの大きさとされる。推測される体重は25kg。犬歯はすでに長く、頸椎とそこに付着する筋肉も発達しており、四肢の骨はがっしりとしていた。すなわち、ネコ型類として初期の種でありながら、すでにサーベルタイガーとして、あるいはネコ型類として、ほぼ完成した体をもっていたのである。そのうえで、犬歯は長くて扁平で、前後の縁に細かな鋸歯（ノコギリ状のギザギザ）が発達していた。

　一方のディニクチス・フェリナは、頭胴長90cmほどでホプロフォネウスよりはやや小柄だった。体重は20kgと推定されている。頸椎は小さく、筋肉もさほど発達していなかったようだ。骨格は比較的華奢であり、四肢が長く、半蹠行性だったとされる。『Sabertooth』では、ディニクチスは、ホプロフォネウスよりも敏捷性が高かったと紹介されている。どうやら物陰から獲物に一気に襲いかかるタイプの狩りを得意としていたようだ。犬歯はホプロフォネウスほど長くはなく、扁平で、歯の縁の鋸歯は粗かった。

　ニムラブス類と同様、「ネコ型類ではあるものの、ネコ類ではない」というグループに、「バルボロフェリス類」というグループがある。このグループは、資料によっ

▼0-1-4
バルボロフェリス類
バルボロフェリス
Barbourofelis
ネコ類ではないネコ型類のなかで、最後まで生き残った属である。頭胴長1.6mと、小さなライオン並みの体格をもつ。

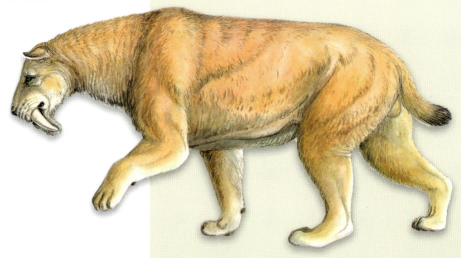

てはニムラブス類に含まれているが、『Sabertooth』によれば、「よりネコ類に近い分類群」とされている。

代表種は**バルボロフェリス・フリッキ**（*Barbourofelis fricki*）だ。 0-1-4 バルボロフェリス類のなかで最後に出現した種で、最大の種でもある。頭胴長は1.6mに達したとされ、小さなライオン（あるいは大きなヒョウ）並の大きさがあった。全体的にがっしりとした骨格をもち、筋肉の発達した四肢は短くて半蹠行性だった。また、首にも太い筋肉が付いていた。『新版 絶滅哺乳類図鑑』では、バルボロフェリス属の解説文として「筋肉質で、外見的にはクマのようなライオンと形容されそうな印象」とある。

バルボロフェリスもまた長い犬歯をもち、犬歯の前縁と後縁にはホプロフォネウスと同様の鋸歯がある。特徴的なのは、その犬歯に対応する下顎の形状で、口を閉じたときに犬歯を内側から保護するかのようにかなり長いでっぱり（フランジ）が発達している。このフランジがあるおかげで、バルボロフェリスは顎を地面につけても、犬歯が地面に突き刺さって抜けにくくなるようなことはなかった。なお、バルボロフェリス類の出現時期は遅く、ネコ型類が登場した始新世の次の次の時代、新第三紀最初の時代に当たる中新世中期である。その命脈は中新世後期まで保たれた。

「真の剣歯虎」たち

引き続き『新版 絶滅哺乳類図鑑』と『Sabertooth』をおもな資料として、話を続けていこう。

ニムラブス類にしろ、バルボロフェリス類にしろ、「ネコ型類ではあるものの、ネコ類ではない」ものたちは、新第三紀の中新世中期に急速に衰退することになった。かわって台頭してきたのが、ずばりネコ類だ。ネコ類のなかにも、ニムラブス類やバルボロフェリス類と同様に犬歯を発達させたものが数多くいた。ここでその代表種を紹介しておきたい。なお、「同様に」と書いたものの、言葉の意味からすれば、こちらがまさに「サーベ

ルタイガー」である。ちなみに英語では「Saber cat」、あるいは「Saber toothed cat」と書かれ、直訳すれば「剣歯猫」となる。『新版 絶滅哺乳類図鑑』では「剣歯ネコ類」と表記されている。本書では、一般に（伝統的に）用いられることの多い「タイガー」を採用し、また、学名との混同を避ける意味でカタカナ表記ではなく、漢字の「剣歯虎」という言葉を使うとしたい。なお、こ

▼▶ 0-1-5
ネコ類
メタイルルス
Metailurus

いわゆる「剣歯虎」の一種。頭胴長1.5mほどで、後ろ脚が長いという特徴をもつ。上は中国で発見された頭骨化石。標本長19cm。下は復元図。

(Photo：John P Adamek, Fossilmall.com)

の言葉は「長い犬歯をもつネコ類」を表すもので、分類上の特定のグループを指すわけではない。

ネコ類の剣歯虎として紹介しておきたいのは、メタイルルス(*Metailurus*)、マカイロドゥス(*Machairodus*)、ホモテリウム(*Homotherium*)、ゼノスミルス(*Xenosmilus*)、メガンテレオン(*Megantereon*)、スミロドン(*Smilodon*)の6属である。

メタイルルス属は新第三紀の中新世に登場し、次の時代である鮮新世に滅びたとされる。代表的な種は、**メタイルルス・マジョル**(*Metailurus major*)で、頭胴長1.5m、肩高70cmという大きさだ。0-1-5 全体的に現生のピューマ(*Puma concolor*)と似ているが、後ろ脚が長いという特徴がある。また、長く平たい犬歯をもつ。

マカイロドゥス属も中新世に登場した。0-1-6 その生息域は、アフリカ、ユーラシア、北アメリカと広範囲に分布しており、とくにアフリカにおいては、当時のネコ類の中心的な存在とされる。剣歯虎としては最大級の体格のもち主であり、その肩高は1.2m、ライオンサイズと形容される。『新版 絶滅哺乳類図鑑』では、まさしくライオン然としたたてがみをもつ姿が描かれている。代表的な種は**マカイロドゥス・アファニストゥス**(*Machairodus aphanistus*) 0-1-7 で、頭胴長2m、肩高1mとメタイルルス・マジョルより一回り大きい。長い犬歯は平たく、鋸歯がある。体つきそのものは、ライオンというよりはトラに似る。ただし、トラと比較すると、全長に占める首の長さの割合が大きく、そして筋肉質だ。

ホモテリウム属 0-1-8 は、マカイロドゥス属の流れをくむグループとして新第三紀の鮮新世に登場した。代表的な種は**ホモテリウム・ラティデンス**(*Homotherium latidens*)で、四肢が長いことを特徴とする。0-1-9 肩高は1.1mと、マカイロドゥス属の仲間たちと比較して勝るとも劣らない大型っぷりだ。

ゼノスミルス属は、**ゼノスミルス・ホドソナエ**(*Xenosmilus hodsonae*)のみで構成されている。0-1-10 ホモテリウム属と同じく新第三紀鮮新世に登場し、肩高も1mとホモテリウム・ラティデンスとほぼ同じだ。ホモテリウム

◀ 0-1-6
ネコ類
マカイロドゥス・ギガンテウス
Machairodus giganteus

頭骨復元標本。標本長36cm。オリジナルは中国産。次ページ以降も、剣歯虎の頭骨復元標本をいくつか紹介していく。犬歯の長さ、形、臼歯の位置などにご注目のうえ、比較いただきたい。
（Photo：オフィス ジオパレオント）

▼ 0-1-7
マカイロドゥス属の代表種マカイロドゥス・アファニストゥス（*Machairodus aphanistus*）の復元図。頭胴長2mほど。トラに似た体つきをしている。現生のライオンのように、たてがみをもつ姿で描かれることもある。とても筋肉質。

▶0-1-8
ネコ類
ホモテリウム
Homotherium
ホモテリウム属の1種、ホモテリウム・クレナチデンス（*Homotherium crenatidens*）のものとされる頭骨復元標本。頭骨の長さや犬歯の太さなどを、ほかの剣歯虎たちと比較されたい（鋸歯にもちがいがあるが、写真で確認するのは少し難しいかもしれない）。なお、ホモテリウム属内の分類に関しては議論がある。標本長35.6cm。
(Photo：オフィス ジオパレオント)

▼0-1-9
ホモテリウム属の代表種ホモテリウム・ラティデンス（*Homotherium latidens*）の復元図。肩高1.1mほど。マカイロドゥスと近縁とされる。四肢が長い。

▼▶ 0-1-10

ネコ類

ゼノスミルス・ホドソナエ
Xenosmilus hodsonae

ホモテリウムの近縁種で、がっしりした四肢が特徴的な剣歯虎。最上段は全身復元骨格、中段は頭骨復元、下段は復元図。頭骨の標本長が32cm。 オリジナルの化石は、アメリカ、フロリダ州産。
（Photo：全身復元骨格：Mary Warrick／The Florida Museum of Natural History，頭骨復元：オフィス ジオパレオント）

◀ 0-1-11
ネコ類
メガンテレオン・イネクスペクタトゥス
Megantereon inexpectatus
頭骨復元標本。メガンテレオン属は、いわゆる「剣歯虎」の一種で、「強さと優美さのバランスがとれている」といわれる"美形"。オリジナルの化石は中国産。標本長約26cm。
(Photo：オフィス ジオパレオント)

◀ 0-1-12
メガンテレオン属の代表種メガンテレオン・カルトライデンス (*Megantereon cultridens*) の復元図。頭胴長1.4mで、現生のジャガーに似ている。

属とよく似ているが、ゼノスミルスの方が吻部は狭い。四肢は短くがっしりとしていて、足が幅広である。こうした特徴は、クマなどの蹠行性の動物と似ている。しかし、ゼノスミルスがどのようにして歩いていたのかについては、よくわかっていない。

メガンテレオン属は、次項で詳しく紹介するスミロドン属と近縁な種で、ともに新第三紀の鮮新世に出現しているが、メガンテレオン属の方が原始的とされる 0-1-11。『Sabertooth』では、とかくがっしりとした体つきのスミロドン属に対して、メガンテレオン属は「強さと優美さのバランスがとれている」と紹介されている。

メガンテレオン属の代表種は、**メガンテレオン・カルトライデンス**(*Megantereon cultridens*)。0-1-12 頭胴長1.4m、肩高70cmで、メタイルルス・マジョルとほぼ同じ大きさである。プロポーションは、現生のジャガー(*Panthera onca*)に似るとされる。ただし、長くて筋肉質な首をもち、尾は短めだ。もちろん、長い犬歯ももつ。

そして、スミロドン

おそらく大多数の一般読者にとって、「剣歯虎」といえば、「スミロドン(*Smilodon*)」を指すのではないだろうか?

剣歯虎の代表ともいえる属である。新第三紀鮮新世の北アメリカに登場し、その次の更新世末まで生存していた。更新世末といえば、約1万年前のことである。生息域は南北アメリカに限定されるものの、比較的"つい最近"まで命脈を保っていたことになる。古今を通じて人類に最も身近な剣歯虎といえるだろう。

近縁でより原始的なメガンテレオン属と比較すると、スミロドン属はとにかく全身ががっしりとしたつくりになっており、四肢は短く、筋肉質である。重量級で、近距離決戦の短期制圧型だった。また、すべてのネコ類と比較して、可愛らしいほど尾が短くて丸っこい。

スミロドン属でよく知られている種は3種ある。最も初期に出現し、メガンテレオン・カルトライデンスと同等かそれ以下のサイズとされるスミロドン・グラシリ

▲0-1-13
スミロドン2種の比較
最大種スミロドン・ポプラトール(奥)と、おそらく最も有名なスミロドン・ファタリス(手前)。

▲0-1-14
スミロドン・ファタリスの頭部。長い牙が特徴的。この牙を生かすために、下顎は120度まで開いたとされる。国立科学博物館所蔵標本。全身の写真は27ページ。
(Photo：安友康博/オフィス ジオパレオント)

ス(*Smilodon gracilis*)、グラシリスよりも少し大きくて頭胴長1.7mに肩高1mというがっしりとした体つきの**スミロドン・ファタリス**(*Smilodon fatalis*)、そして、スミロドン属のなかで最大とされる**スミロドン・ポプラトール**(*Smilodon. populator*)だ。 0-1-13 ポプラトールは、肩高1.2mで、体重は400kgをこえたとされる。おもに南アメリカに生息していた。

2015年、アメリカ、クレムゾン大学のM・アレクサンダー・ワイソッキたちは、スミロドン・ファタリスの犬

▼▶ 0-1-14
ネコ類
スミロドン・ファタリス
Smilodon fatalis
長い牙のほかに、太くがっしりとした前脚にも注目である。右は、国立科学博物館所蔵標本。
(Photo:安友康博/オフィス ジオパレオント)

歯の成長速度を、安定酸素同位体とX線分析のデータから推測するという新手法で計算した（この手法の詳細については、いささか難しいので省略する。興味をおもちの方は、巻末の参考文献欄の論文をご覧いただきたい）。この研究によれば、スミロドン・ファタリスの犬歯は、月間6mmのスピードで成長したという。 0-1-14「6mm」と書くと小さいように感じるかもしれないが、1年で7.2cmの計算になる。もしもヒトの犬歯が同じ速度で成長したら、かの吸血鬼伯爵もびっくりの結果となるだろう。この成

長速度は、現生ライオンの2倍に相当するという。「短期間で自身の武器を武器たらしめること」。スミロドン・ファタリスのそんな成長戦略が見てとれる。

　スミロドン属を含む剣歯虎の長い犬歯が、実際のところどのように使われていたのかは大きな謎とされている。ひときわ長い犬歯をもつスミロドン属においては、その長さは15cm前後に達し、ナイフのような鋭さをもつ一方で、厚みはなく、横方向への強度は低かった。この犬歯を有効に使うため、たとえば「口を閉じたまま顎を"振り下ろし"て獲物に突き立てた」という説や、「下顎を最大に開いて（スミロドン属の場合、120°まで開いたとされる）頭を振り下ろし、獲物に突き立てた」という説がある。

　そうした各種の説のなかに、「The canine shear-bite 仮説」とよばれるものがある。適当な和訳語はないが、「canine」とは犬歯のこと、「shear」とは植木鋏のような大きな鋏のことである。この仮説は、獲物をがっしりとした前脚で押さえこんだのち、その喉を食い破るというもので、下顎の犬歯にも注目している点がポイントだ。上顎の長い犬歯と下顎の犬歯で獲物の肉を挟み込んで、発達した首の筋肉を使って獲物の肉をぐいっと引っ張る。そうすることで、獲物の血管や食道、気管を一気に"はぎ取り"、致命傷を与えることができた、という。なお、モデルやコンピューターを使って、機能的にそれが可能であったかどうかなどの検証も行われているが、まだ確証が得られたわけではない。犬歯をめぐる謎解きは続きそうだ。

　ちなみに、もしも彼らが現代に生きていて、どこかであなたが出会ったとしたら、最大限に警戒すべきは、犬歯ではなく前脚だ。太くがっしりとした前脚が繰り出す強烈な「ネコパンチ」をくらわないよう注意すべきだろう。

　剣歯虎と時を合わせるように台頭してきたのが、「剣歯虎ではないネコ類」のネコやトラ、ヒョウ、ライオンなどである。彼らは剣歯虎が滅んだ後はその地位を受け継いで繁栄し、現在では多くの生態系で頂点をきわ

めている。また、ネコに至ってはその愛らしさから、のちに急速に発展していった人類の「友」たる座を確立した。古代エジプトでは、神として崇拝すらされていたようだ。0-1-15

ネコの進化についてまとめておこう。ネコ型類として最初に登場したニムラブス類は、その長い犬歯さえなければ、現生のネコ類とそっくりだった。すなわち、ネコはネコとしてのプロポーションを早い段階で獲得していた。これまでにいろいろなネコ型類やネコ類を紹介してきたが、ざっくりと書いてしまえば、「ネコは最初からネコ」だったのだ（いささか身も蓋もないけれど）。

こちらも"人類最良の友"

イヌは、どうだろう？

ここから先は、冨田の『新版 絶滅哺乳類図鑑』と、アメリカ、ロサンゼルス自然史博物館の王暁鳴（ワンシャオミン）とアメリカ自然史博物館のリチャード・H・テッドフォードが著した『DOGS』（2014年刊行）を主な参考資料にして話を進めていこう。

ネコに多くの近縁種がいるように、イヌにも多くの近縁種がいる。たとえば、アカギツネ（*Vulpes vulpes*）やタヌキ（*Nyctereutes procyonoides*）、リカオン（*Lycaon pictus*）がそうだ。これらの近縁種と、イヌと同種ともされるオオカミ（*Canis lupus*）をまとめて、「イヌ類（科）」という。

イヌ類にはさらに、クマ類、イタチ類などの近縁のグループが存在し、それらをまとめて「イヌ型類（亜目）」という。ネコの場合、ネコ類の出現は、ネコ型類の登場から少し時間が経ってからだった。しかし、イヌ類の出現は、ほかのイヌ型類のグループに先んじる。

知られている限り最古級のイヌ類（最古級のイヌ型類でもある）が出現したのは、古第三紀の始新世後期のことだ。遅くとも3700万年前には、アメリカ中西部に現れている。

そのイヌ類を**ヘスペロキオン**（*Hesperocyon*）0-1-16 という。頭胴長40cm前後、体重1～2kgという小さな動物だ。

▲0-1-15
神になったネコ
ネコの頭をもつ女神像。青銅製。紀元前664～630年のもの。エジプトでは、ネコは神聖なる動物として扱われていたようだ。こうした女神像のほかに、ネコのミイラなども発見されている。
(Photo：The Trustees of the British Museum)

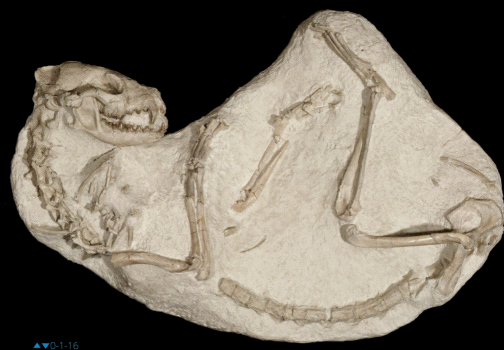

▲▼0-1-16

イヌ類

ヘスペロキオン
Hesperocyon

知られている限り、最も古いイヌ類の一つ。現生のイヌ類とは異なり、樹上生活をすることもできたようだ。群馬県立自然史博物館所蔵標本。標本長36cm。アメリカ産。下は復元図。
(Photo：安友康博/オフィス ジオパレオント)

その姿は、全体的にはイヌというよりはまだかなりイタチに（つまり、イヌとネコの共通祖先に近いミアキスに）似ている。ちなみに、筆者の家の新たな住人であるシェットランド・シープドッグは、生後約2か月の時点で頭胴長38cm、体重1.9kgだったので、ほぼ同サイズである。ただし、ヘスペロキオンは、胴とほぼ同じ長さの長い尾をもっていた。また、現在のイヌは、前足の指が5本、後ろ足の指が4本であるのに対し、ヘスペロキオンは前後ともに5本の指があった。現生イヌのような完全な趾行性（つま先で歩く）ではなく、より原始的なミアキスなどと同じ蹠行性（かかとをつけて歩く）であったとみられ、爪が長いこともあわせて、おそらく樹木を登ることができた、とされる。なお、「ヘスペロキオンの糞」という化石も発見されており、その分析結果から、齧歯類などの小動物を食べていたことが示唆されている。ヘスペロキオンは、当時としては優れた耳をもっていたようで、『DOGS』では、そのことが肉食動物としてのアドバンテージをもたらしていたとしている。

　ヘスペロキオンから遅れること数百万年。古第三紀漸新世に出現し、その後1000万年をこえる長い命脈を保ったのが、**レプトキオン**（*Leptocyon*）だ。 0-1-17 頭胴長

▼0-1-17
イヌ類
レプトキオン
Leptocyon
古第三紀漸新世に登場し、新第三紀中新世まで北アメリカに生息していた。現生のイヌを含む「カニス属」の祖先に位置づけられる。つま先で歩く趾行性。頭胴長50cm前後。

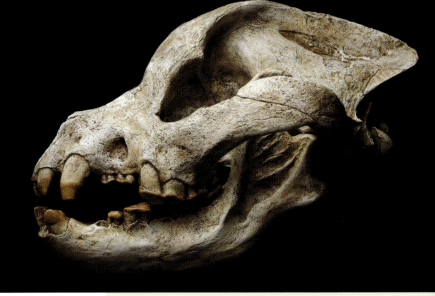

▲0-1-18

ボロファグス類

ボロファグス・セクンドゥス
Borophagus secundus

頭骨復元標本。ボロファグス属は、「ボーン・クラッシャー」の異名をもつ、新第三紀中新世後期の北アメリカにおける"最強の捕食者"である。短く頑丈な吻部が特徴的。オリジナルの化石はアメリカ産。標本長約22cm。

（Photo：オフィス ジオパレオント）

50cm前後、体重2kg、ヘスペロキオンより一回り大きなサイズのイヌ類であり、その姿は現在のキツネを彷彿とさせる。ヘスペロキオンと同じく小動物を狩っていたとみられているが、ヘスペロキオンとはちがって足は完全な趾行性だった。

このレプトキオンこそがイヌ類の鍵となる種である。約900万年前に絶滅するまで、カニス属を含む多様なイヌ類を生み出すことになるからだ。

一方、現生イヌ類につながるわけではないが、忘れてはいけないグループがある。ヘスペロキオンにやや遅れて、古第三紀の漸新世前期に出現した「ボロファグス類」である。中新世後期に台頭したボロファグス属（*Borophagus*）に代表される。0-1-18

『DOGS』によれば、ボロファグスは最強の捕食者の一つだ。短く頑丈な吻部、獲物の肉を噛みちぎることに適した大きな切歯、獲物の骨を噛み砕くことのできる前臼歯、それらを十全に活かす力強い顎など「ボーン・クラッシャー」としての特徴をそなえていた。頭胴長は1～1.2m、肩高62cm、体重20～40kgと、ヘスペロキオンやレプトキオンと比較するとかなりの大型である。姿かたちは、現生イヌの犬種のなかでは、イングリッ

▲0-1-19
ボロファグス・ディバーシデンス（*Borophagus diversidens*）の復元図。ボロファグス属のなかでもとくに大型とされ、その頭胴長は1mを大きく上回る。

シュ・マスティフに近いといえるかもしれない（ただし、イングリッシュ・マスティフはさらにもう一回り大きい）。ちなみに「ボロファグス」という名前は、「貪り食う」を意味する。

　ボロファグス類は、とくに大型といわれた**ボロファグス・ディバーシデンス**（*Borophagus diversidens*）を最後に新第三紀の鮮新世末に絶滅した。0-1-19 このグループは、なぜか最後まで北アメリカだけで繁栄し続けた。ほかのイヌ類が南アメリカに進出しても、ボロファグス類はパナマ地峡を渡ることはなかったのである。

そして、ダイアウルフ

　イヌには、分類上きわめて近い仲間たちがいる。コヨーテ（*Canis latrans*）、セグロジャッカル（*Canis mesomelas*）、ディンゴ（*Canis lupus dingo*）などがそうだ。こうした動物たちを含む「カニス属」の最初の種が北アメリカに出現したのは、新第三紀の中新世末期のことである。その後、約600万年の歴史のなかで、カニス属は現生種と絶滅種を合わせて30種近い多様性を築いてきた。

　古生物をテーマとする本書において、カニス属のな

かで、ぜひとも紹介しておきたい種がいる。それはカニス・ダイルス（Canis dirus）、通称「**ダイアウルフ**」とよばれる"オオカミ"だ。 0-1-20

ダイアウルフは約100万年前に出現した。「ウルフ」の名前が示すように、現生のオオカミとよく似た姿をしていて、頭胴長もほぼ同じサイズである。しかし、よく見るとこちらの方ががっしりとした体つきをしている。『DOGS』では、当時の北アメリカの捕食者としてスミロドンと競合する存在だったと紹介されている。頭胴長1.5m前後、肩高80cm弱、体重は60kg以上と、現生のオオカミたちのなかでもとくに体の大きいタイリクオオカミより、さらに大きい。ちなみに、『シートン動物記』に登場する「狼王ロボ」の大きさは肩高90cm、体重68kgとされており、ダイアウルフに大きさが近い。ダイアウルフに狼王並みの"知性"があったかどうかはわからないが、当時の生態系のなかでとてつもなく恐ろしい存在であったのは間違いないだろう。

アメリカ、ロサンゼルスにあるラ・ブレアのタール・ピット（タールの池：次巻第3部第2章で紹介）では、1600をこえるダイアウルフの化石が発見されている。この結果を受けて、カリフォルニア大学のブレイル・ヴァン・ヴァルケンブルグとタイソン・サッコは、2002年に発表した論文で、ダイアウルフが大規模な群れを作ってい

▼▶ 0-1-20

イヌ類
ダイアウルフ
Canis dirus

頭胴長1.5mの大型の"オオカミ"。群れを作って行動していたと考えられている。下は、ミュージアムパーク茨城県自然博物館所蔵標本（複製）。右ページに復元図。
（Photo：安友康博/オフィス ジオパレオント）

た可能性を示唆している。

　オーストラリア、シドニー大学のステファン・ウロエたちは、さまざまな肉食哺乳類が獲物を噛むときの力を頭骨の形状から算出し、比較するという研究を2005年に発表している。このなかで、ダイアウルフの犬歯の噛む力は、893 N（ニュートン）と算出された。同じ手法で計算されたオオカミの犬歯の力が593Nなので、ダイアウルフのそれは、オオカミの1.5倍にもなる。この値は、イヌ類のなかではダントツだ。ただし、捕食者として「競合した」とされるスミロドンの値は976Nで、ダイアウルフのそれをさらに上回るとされる。さすがは剣歯虎の代表種、というべきか。

　さて、そんなダイアウルフも、1万年前には姿を消した。この時期は、大型の哺乳類が次々と絶滅していった時期だ。この絶滅に関しては、次巻第3部でもう少し詳しく触れるつもりだ。

友との出会い

　人類はいつイヌと出会い、友となったのか？
　イギリス、ブリストル大学のマイケル・J・ベントンが著書『VERTEBRATE PALAEONTOLOGY』の第4版（2015年刊行）でまとめているところによれば、ベル

ギーやシベリアの約3万3000年前の地層から、オオカミではなく、イヌとみられる化石が見つかっているという。ちなみに、この約3万3000年前という時期において、人類はまだ農耕を開始していない。すなわち、イヌは当初、"狩猟の友"であった可能性がある。

ただし、ベントンも同書で指摘するように、また、本章の冒頭でも述べたように、そもそも同種であるオオカミとイヌをスッパリと線引きすることは難しい。遺伝子のレベルではほとんど同じなのだ。「オオカミ」はやや大型の野生種で、「イヌ」はやや小型の家畜種というぐらいのちがいしかない。一般に性格は異なるとされるが、化石でそれを識別することは難しい。

2015年にはアメリカ、スキッドモア大学のアビー・グレイス・ドレイクたちが、ベルギーやシベリアの化石標本を現在のイヌとオオカミのどちらに近いか分析し、イヌというよりはむしろオオカミであるとしている。つまり、この場合のカニス・ファミリアリスは、約3万3000年前にはまだ家畜化されていなかったということになる。ドレイクたちによれば、イヌは狩猟の友ではなく、もっとのちの時代に"農耕の友"として人類と暮らし始めた可能性が高いという。

実際、ベントンのまとめでも、約1万4000年前になってようやく、中東や中国、ヨーロッパと広い範囲の遺跡から、たくさんの「イヌ」の骨が見つかり始めるという。約3万3000年前から約1万4000年前のどこかで、人類はイヌと出会い、友としたのだろう。

そして、遅くとも7000年前には、イヌは人類にとって「特別な存在」となっていた。この時期のスウェーデンの遺跡からは、「埋葬されたイヌ」の骨が発見されている。私たちの祖先は、現代と同じようにイヌを特別視し、家族の一員として扱っていた可能性がある。日本でも約3000年前のものとされる吉胡貝塚（愛知県田原市）において、ヒトの子どもの骨のすぐそばに埋葬されたイヌの骨が確認されている。0-1-21 ネコがそうであったように、イヌもまた、私たちと長い期間の友人づきあいをしてきているのである。

▲0-1-21
ともに眠るイヌ
約3000年前の吉胡貝塚の埋葬復元。子どもの骨の傍に、ともに埋葬された子犬の骨の断片（○で囲んだ位置）が確認できる。その隣にも別のイヌが埋葬されているが、埋められた時期が異なるため、子どもの骨との関連性はよくわかっていない。いずれにしても、大切に埋葬されたと推察できる。
（Photo：田原市教育委員会）

クマへの道

　イヌ型類を構成するのは、イヌ類のほかに、クマの仲間なども含まれる。ここでは、「アンフィキオン類」と「クマ類」の代表種を紹介しておきたい。

　アンフィキオン類はクマ類に近縁な絶滅グループで、その登場時期は、イヌ類よりも数百万年以上（あるいは1000万〜2000万年以上）遅く、古第三紀の漸新世もしくは新第三紀の中新世とされる。北アメリカに出現し、のちにユーラシアにも拡散していった。北アメリカにおいては、ヘスペロキオンの仲間やボロファグスの仲間た

▲▶ 0-1-22
アンフィキオン類
アンフィキオン
Amphicyon
クマ類に近縁とされるイヌ型類。現生のヒグマ並みの体格をもつ。アンフィキオン類がいた間は、イヌ類の勢力はのびなかったとされる。上は全身復元骨格。
(Photo：Denis Finnin，American Museum of Natural History)

ちと同時代に生息していた。

　イヌ類と比較すると、アンフィキオン類はより肉食に特化している。多くはかかとをついて歩く蹠行性で、体も大きいため、クマ類によく似ている。その一方で、歯はオオカミに近いとされる。代表的な属である**アンフィキオン**(*Amphicyon*)は、太い首、頑丈な四肢をもつことなどから、『新版 絶滅哺乳類図鑑』では「典型的なベアドッグ（クマイヌ）である」と紹介されている。0-1-22
頭胴長は大型の種では2mに達するとされ、体重は200kgオーバーというからすさまじい。現在の日本に暮

◀0-1-23
クマ類
ヘミキオン
Hemicyon
頭胴長1.5mほど。クマ類の1種であるが、近縁のアンフィキオン類よりもイヌに近い姿をしていた。

▲0-1-24
クマ類
アルクトドゥス
Arctodus
推定体重1tの大型のクマ。「短い顔」で「長い脚」が特徴とされるが、その復元には議論がある。生態も含めて、謎が多い。

らすヒグマ(*Ursus arctos*)とほぼ同等だ。まちがっても山で出会いたくない動物である。アンフィキオン類は、ある意味でイヌ型類における"支配的な存在"だったとされる。『DOGS』では、アンフィキオン類が生存していた間は、イヌ類は積極的な拡散をしなかったと指摘されているくらいだ。

　一方のクマ類は、文字通り現生のクマたちを含むグループだ。**ヘミキオン**(*Hemicyon*) 0-1-23 と**アルクトドゥス**(*Arctodus*) 0-1-24 をピックアップしておこう。

　ヘミキオンは、頭胴長1.5mほどの、かかとをつかな

いで歩く趾行性の動物だ。新第三紀中新世の北半球各地に生息していた。クマ類の一員ではあるものの、その姿はアンフィキオン類よりはずっと"イヌらしい"。属名の「Hemi」は「半分」、「cyon」はイヌを指す。つまり、ヘミキオンとは「半分のイヌ」という意味で、なんとも絶妙なネーミングといえるだろう。

アルクトドゥスは、"short-faced" and "long-legged" bear（短顔で、長脚のクマ）」と形容される独特の姿のもち主である。その体重は800kg。第四紀更新世の北アメリカにおける最大の捕食者であり、生態系の要とされてきたクマ類だ。ただし、アルクトドゥス自身の生態については議論があり、優れたハンターであるとも、優秀なスカベンジャーであるとも、はたまた植物食性であるともされてきた。「異様なクマ類として有名だが、その実態はなんとなくぼやけている」。それが、アルクトドゥスなのだ。

そうした背景のもと、スペイン、マルガ大学のボルハ・フィゲェリドたちは、アルクトドゥスを含むクマ類、イヌ類、ネコ類、そしてハイエナ類の411個体の骨格を分析・比較し、アルクトドゥスの"真の姿"に迫る研究を2010年に発表した。

フィゲェリドたちの分析によれば「short-faced」というほど吻部は短くないという。吻部が広いのは事実だが、現生のマレーグマ（*Helarctos malayanus*）やメガネグマ（*Tremarctos ornatus*）とさして変わらないというのである。フィゲェリドたちは、こうした点に注目して、「short-faced」はアルクトドゥスを形容する適切な表現ではないと結論している。また、その食性はハンターにもスカベンジャーにもさほど特化しているとはいえず、ヒグマとさして変わらないと断言している。なお、ヒグマは植物の根や茎、果実などを中心に食べる雑食性である（だからといって、ヒトが不用意に近づいていいクマではない。念のため）。

この研究では、アルクトドゥスの体重は約1tとされた。これは現生のクマ類のなかでも大型とされるホッキョクグマ（*Ursus maritimus*）よりも、さらに一回り大きい値であ

る。その重量に加え、四肢も特段に「long-legged」といわれるほど長くもないと指摘されており、ゆえに速く走ることもできなかったという。

これまでのアルクトドゥスのイメージをそのまま継続するにしろ、修正する必要があるにしろ、かくしてクマ類もその版図を広げていくのである。

ネコ類 VS イヌ類

イヌ類の故郷である北アメリカでは、新第三紀の中新世初期（約2200万年前）には、30種をこえるイヌ類がいたことが知られている。しかし現在の北アメリカには、イヌ類は9種しか生息していない。

イヌ類にいったい何が起きたのだろうか？

スウェーデン、ヨーテボリ大学のダニエル・シルヴェストロたちは、2015年に「イヌ類の減少は、ネコ類との競合の結果である」とする研究を発表している。彼らは、古第三紀の始新世後期（約4000万年前）から現在に至るまでに出現したイヌ類のデータを調べ上げ、ネコ類のデータとの比較を行った。その結果、ネコ類の台頭が、イヌ類の多様性やサイズの変化に大きな影響を与えていたことが明らかになった。

シルヴェストロたちの研究によれば、北アメリカにおいて、ネコ類の多様化と時を合わせるかのように、まずヘスペロキオンの仲間が衰退し、次いでボロファグスの仲間の勢力が減少していったという。同じような傾向は、アンフィキオン類にも確認されている。

この研究のポイントは、イヌ類の"衰退"と、当時の気候変動との関連を見いだせなかったという点だ。このことから、イヌ類の衰退は気候のせいではなく、同じ獲物を奪い合う動物として、ネコ類との競争に勝てなかったからである、と結論づけられた。

イヌ類の祖先は環境変化によって誕生し、ネコ類によって打撃を受けた、ということになるのかもしれない。

新生代　第零部

2 もっと速く、もっと大きく

教科書的な存在

　地質時代をまたいで物語を綴る「第零部」。本章では、二つのグループに注目する。一つは、ウマ類。もう一つは、ゾウ類だ。前者は「スピード」をキーワードとした進化の傾向がよく知られ、後者は「重量」をキーワードとした傾向で知られている。じつに"教科書的な存在"ともいえるこれらのグループについて、情報をまとめていきたい。

始まりは「4本指」

　私たちが「ウマ」と一言でいう動物にも品種がある。JRA（日本中央競馬会）競走馬総合研究所のホームページによれば、サラブレッドのような「乗馬」だけでも69の品種がある。ほかにも、北海道和種（道産子）などの「輓馬」や、ポニーなどにも品種があり、すべてをあわせれば150を大幅にこえるという。ただし、この数字について同サイトでは、「科学的にまったく客観性をもったものとはいいがたい」とも書かれている。ちなみに、東京化学同人の『生物学辞典』（2010年刊行）では、ウマの品種数は100〜200と幅の広い値で紹介されている。

　さて、生物学的に「ウマ」という場合、一般的にはエクウス・カバルス(Equus caballus)を指し、時と場合によってはこれに「モウコノウマ」の和名で知られるアジアの野生種エクウス・フェルス(Equus ferus)を含める場合がある。エクウス属には、ほかにも巨大な群れを作るサバンナシマウマ(Equus quagga)や、家畜として飼育されるロバの祖先種とされるアフリカノロバ(Equus africanus)が含まれている。

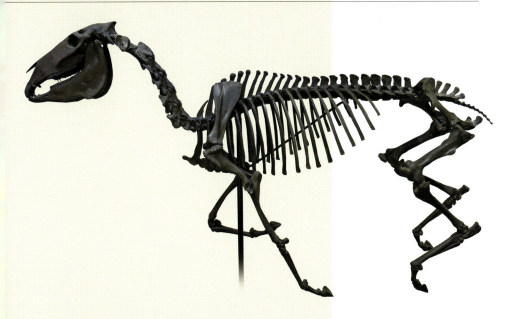

▲0-2-1
ウマ類
エクウス
Equus
現生属の全身復元骨格。四肢の先は1本指で脚が長い。「速さ」を追求した進化の果てに獲得された形態である。標本の高さ1.3m。オリジナルは、アメリカの更新世の地層から産したもの。馬の博物館所蔵。
（Photo：オフィス ジオパレオント）

　エクウス属はウマ類（科）の代表であり、現存する唯一のウマ類でもある。0-2-1 ユーラシアやアフリカに広く生息する一方で、南北アメリカには生息していない。

　「あれ？　でも、映画などで、アメリカの荒野を走るウマを見たことがある」という読者もいるかもしれない。たしかに、アメリカの西部劇などではしばしば騎兵隊が登場するし、開拓にもウマが使われたし、また現在でも「ムスタング」といわれる野生品種がいる。しかし、これらはいずれも大航海時代以降に人為的にもち込まれたエクウス属なのである。

　生命史を振り返れば、エクウス属が登場したのは北アメリカである。事実、ウマ類の進化の物語も、大半は北アメリカで紡がれてきた。しかし、現在の南北アメリカには、根っからの野生種はいない。すなわち、ウマ類は"本家本元"では絶滅したが、その前に世界に拡散したことになる。

　知られている限り、最古のウマ類を**ヒラコテリウム**（*Hyracotherium*）という。0-2-2 北アメリカとヨーロッパの、古第三紀の始新世前期の地層から化石が見つかっている。「始新世」は、古第三紀第2の地質時代で、前章で

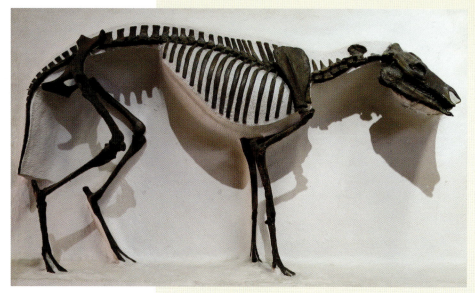

▲▶ 0-2-2

ウマ類

ヒラコテリウム
Hyracotherium

頭胴長50cmほどの最古のウマ類の復元骨格標本。オリジナルは、アメリカ産。前足に4本、後ろ足に3本のひづめがある。標本は、馬の博物館所蔵。下は復元図。
（Photo：オフィス ジオパレオント）

いえば、ネコ類やイヌ類の共通祖先（に近い）とされるミアキスたちが登場した時代でもある。

　ヒラコテリウム単体の復元図を見ながら「これは最古のウマ類ですよ」と説明されれば、「ああ、ウマだな」と類推できるかもしれないが、シーン復元画でほかの動物と一緒に描かれれば、マメジカの仲間か何かとまちがうかもしれない。何しろウマ類というには顔が短く、頭胴長50cmほど、肩高40cmほどという小柄な体をしているのだ。筆者の家のイヌたちと比較すると、シェットランド・シープドッグの幼犬よりは大きいものの、ラブラドール・レトリバーの成犬よりは小さい。すなわち、初期のウマ類は、現在の小型犬と中型犬の中間ほどの大きさしかなかったのである。

　ウマ類の進化を語るうえで注目すべきは、足先だ。現生のウマ類の指は1本だけであり、その先に大きなひづめがある。しかし、ヒラコテリウムは前足に4本、後ろ足に3本の指があり、ひづめは申し訳程度のサイズしかなかった。

　国立科学博物館の冨田幸光が著した『新版 絶滅哺乳類図鑑』（2011年刊行）によれば、ヒラコテリウムの生息地域は灌木林などの木の多い地域であり、食性は木の葉食であったという。これも、草原に暮らし、草を食む現生のウマ類と大きく異なる点である。

　アメリカ、ノーザンアリゾナ博物館のエドウィン・H・コルバートたちが著した『脊椎動物の進化』（2004年刊行）には、ヒラコテリウムの特徴の一つとして、「前足も後ろ足も関節がかなりかたい」ことが挙げられている。つまり、横方向の関節の動きはかなり制限され、一方で前後方向の動きには優れていたということだ。これは、前章で紹介したイヌ類の特徴に類似する。そして、ヒラコテリウムは足も長く、「とりわけかたい地面の上を駆けることに重点を置いた適応構造」とされている。灌木林に生息するとはいえ、ヒラコテリウムは、のちのウマ類に通ずる特徴をすでに有していたのだ。

　さて、ウマ類の進化の話を本格的に進める前に、一つ、興味深い話題を提供しておきたい。前述のように、

ウマ類の進化の物語は、この後、北アメリカを舞台として紡がれることになる。しかし、ウマ類を含むより広いグループである「奇蹄類」に関しては、2014年にアメリカ、ジョン・ホプキンス大学のケネス・D・ローズたちによって、その故郷は古第三紀の始新世初期（あるいはそれ以前）のインドだったという指摘がなされている。当時、インドはユーラシアとは接続しておらず、北上を続ける独立した大陸だった。ローズたちは、奇蹄類は"インド大陸"で生まれ、インドがユーラシアに衝突すると同時に世界中へ拡散したと指摘している。このことが正しいとすると、ウマ類の祖先はインドから北アメリカへ進み、北アメリカで歴史を育んで、今度は世界各地に拡散。そして、北アメリカでは滅んだことになる。

「1本指」へ

　前4本指、後ろ3本指のヒラコテリウムから始まったウマ類の物語は、古第三紀の始新世中期には次の段階へと移る。前後ともに3本指の**メソヒップス**（*Mesohippus*）が登場したのだ。0-2-3

　メソヒップスは、始新世の中期からその次の時代である漸新世までの北アメリカで栄えたウマ類で、ヒラコテリウムの1.5倍前後の体格をもっていた。肩高は60cm前後、頭胴長も1m近い。『脊椎動物の進化』によれば、その食性はヒラコテリウムと同様に木の葉食であったとされる。

　そして、メソヒップスが栄えた次の時代、新第三紀に入って最初の地質時代である中新世に登場したのが、**メリキップス**（*Merychippus*）だ。0-2-4　メリキップスは中新世前期～中期の北アメリカに生息していたウマ類で、肩高は90cmほどとメソヒップスの約1.5倍の大きさになっていた。サイズをのぞけば、外見的にはメソヒップスと大きなちがいは見られないものの、歯の形状は変化していた。やわらかい木の葉だけではなく、かたい草も食べることができるようになっていたのだ。

　いわゆる「草」とは、イネ科の植物のことである。「プ

▲0-2-3
ウマ類
メソヒップス
Mesohippus
肩高60cm、頭胴長1m弱のウマ類。足の指は前後ともに3本。群馬県立自然史博物館所蔵標本(上)と復元図(下)。標本はアメリカ産。
(Photo:安友康博/オフィス ジオパレオント)

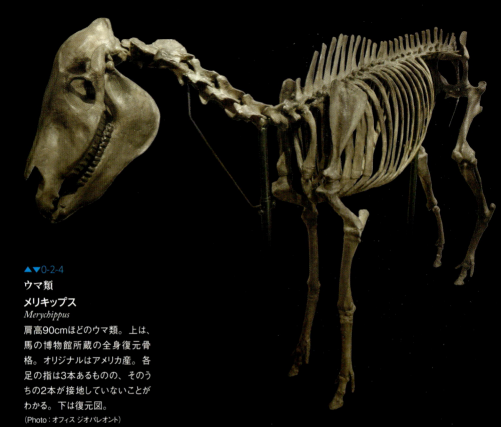

▲▼0-2-4
ウマ類
メリキップス
Merychippus
肩高90cmほどのウマ類。上は、馬の博物館所蔵の全身復元骨格。オリジナルはアメリカ産。各足の指は3本あるものの、そのうちの2本が接地していないことがわかる。下は復元図。
（Photo：オフィス ジオパレオント）

ラントオパール」とよばれる生体鉱物をもつことを特徴とするが、これが"厄介なシロモノ"だ。「草で手を切った」という経験のある読者もいるだろう。そう、プラントオパールは、ヒトの肌を傷つけるほどのかたさがある。メリキップスが獲得した歯は高さがあり、かたい草を食べてすり減っても歯がなくならないという利点があった。この「高さのある歯」を得たことで、ウマ類は当時拡大しつつあった草原での生活に適応することができたのだ。

　ウマ類のなかで堂々の繁栄を見せたのが、**ヒッパリオン**（*Hipparion*）である。0-2-5 メソヒップスやメリキップスも同様であるが、前後とも3本指の足をもつものの、両端の指は縮小化し、完全に接地していない。中央の指の先端（末節骨）もだいぶひづめらしくなっている。肩高も150cmというから、ほぼポニー程度の大きさといえるだろう。

　ヒッパリオンは、新第三紀中新世の中期〜第四紀更新世まで栄えたなかなかの"長寿グループ"である。生息地は北アメリカをはじめ、アジア、ヨーロッパ、アフリカにまで広がっていた。『新版 絶滅哺乳類図鑑』では「中新世に多様化した真の草食性ウマ類の代表の一つ」として紹介されている。

　同書で「最後の進化段階」として紹介されているのが**プリオヒップス**（*Pliohippus*）だ。0-2-6 新第三紀の中新世中期〜後期の北アメリカに生息していたウマ類で、その大きさや見た目はヒッパリオンに近い。しかし、前後の指が完全に1本になっており、その先端は明らかなひづめとなっていたのだ。ここに、「最後の進化段階」といわれる理由がある。

　プリオヒップスは、絶滅時期こそヒッパリオンより早いものの、滅ぶ前に多様なウマ類を生み出した。現生唯一のウマ類であるエクウス属も、プリオヒップスの子孫とされる。

　ウマ類に見られる進化は、草原における"高速移動化"を追求したものとみられている。古第三紀の始新世以降、世界中で森林が減少して草原が拡大していく。そ

▶0-2-5
ウマ類
ヒッパリオン
Hipparion
肩高150cmほどのウマ類。「三指馬」ともいわれている。各足とも中央の指だけが接地しており、かつひづめも発達している。「真の草食性ウマ類」ともいわれる。

のようななか、ウマ類はメリキップスに代表されるような「高さのある歯」を獲得し、膨大な食物資源のある草原での生活を可能にした。しかし、草原は見通しが良い。良すぎる。捕食者に襲われても、基本的に身を隠す場所がない。そのために「より速く走って逃げる」ことが重要であった。

速く走るためには、脚が長ければ長いほど有利だ。1歩で稼ぐ距離がのびるからである。趾行性の動物はかかとをつけないため、かかとをつける蹠行性の動物よりも1歩のリーチが長い。ウマ類の場合はさらにその先へ進み、最も長い指である「中指だけで走る」ことに特化していったわけである。 0-2-7

ウマと人類の関わりについても簡単に触れておこう。馬の博物館の木崎真澄の編著『馬と人間の歴史』や著書

◀▼0-2-6

ウマ類
プリオヒップス
Pliohippus
ヒッパリオンと同じくらいの体サイズのウマ類。足先の指が、現生のエクウス(p43)と同様に1本指になっている点に注目である。上は、馬の博物館所蔵の全身復元骨格。オリジナルの化石はアメリカ産。下は復元図。
(Photo：オフィス ジオパレオント)

▶ 0-2-7
ウマ類の足の進化
ウマ類は進化を重ねるごとに、指の本数を減らし、また足そのものを長くしていった。ここで並べているのは、左からヒラコテリウムの左後ろ足、メソヒップスの左後ろ足、メリキップスの左後ろ足、エクウスの右後ろ足。エクウスの標本高が約42cm。群馬県立自然史博物館所蔵標本。
（Photo：安友康博/オフィス ジオパレオント）

▼ 0-2-8
移動手段としてのウマ
馬銜の発明によって、ウマは移動手段として注目されるようになった。古代世界では、ウマに引かせた戦車が軍の主力を担うようになる。中国最古の王朝の殷の遺跡では、そうした戦車を確認することができる。
（Photo：周剣生/アマナイメージズ）

『ハミの発明と歴史』によれば、ウマが人類とともに暮らす、すなわち、家畜となった時期は紀元前4000〜3000年ごろという。ヒツジに遅れること4000年、ウシに遅れること2000年とされるから、人類がウマとの生活にあまり乗り気でなかったようすがうかがえる。なお、この時点での「家畜化」とは、おもに食料としての意味である。

そんなウマと人類のつきあいが変わったのは、人類がウマを「移動手段」と捉えてからだ。馬銜(はみ)が発明されたことで、騎手の意思をウマに伝えやすくなり、その快速、健脚を活かしての移動が可能となった。また、戦車(古代世界の話である。念のため)を引かせることで、ウマは軍事力の一面を担うようにもなっていった。ヒトを乗せたり、戦車を引いたりするウマの姿は世界各地の古代遺跡に彫刻などで残されており、また、アジアでは中国最古の王朝とされる殷(いん)の残した遺跡、いわゆる「殷墟」において、戦車を引くウマの骨が発見されている。 0-2-8

巨獣の始まり

さて、ここからはゾウの話をしよう。「ゾウ」といえば、現在の地上において最大の動物である。アフリカに暮らすアフリカゾウ(*Loxodonta africana*)とマルミミゾウ(*Loxodonta cyclotis*)、東南アジアに暮らすアジアゾウ(*Elephas maximus*)の3種が確認されている。このうち最も大きいのはアフリカゾウで、とくに大きな個体では頭胴長約7.5m、肩高4m、体重は7.5tに達するという。ちなみに、東京の上野動物園で飼育されているのはアジアゾウだ。アフリカゾウと比べると一回り小型であり、耳も相対的に小さく、また頭部の形状や足のひづめの数なども異なっている。

有名な動物なので、ゾウもある意味で人類にとって身近な存在といえるかもしれない。しかし、現在の地球においては彼らは希少動物である。とくにアフリカゾウは、国際自然保護連合(IUCN)のレッドリストで「絶滅危惧II類(Vulnerable)」に指定されている。絶滅危惧

II類とは、「絶滅の危険が増大している種」という位置づけだ。

アフリカゾウ、マルミミゾウ、アジアゾウの3種はいずれも「ゾウ類（科）」に属している。ゾウ類は現生種こそこの3種のみだが、絶滅種としては、マンモス（*Mammuthus*）などがここに分類される。ゾウ類とその近縁グループをまとめて「長鼻類（目）」というグループが作られる。長鼻類には約180種の哺乳類が属するというから、なかなかに"大所帯"であるといえるだろう。引き続き『新版 絶滅哺乳類図鑑』を中心に、イギリス、ブリストル大学のマイケル・J・ベントンの著書『VERTEBRATE PALAEONTOLOGY』の第4版、アメリカ、ジョン・ホプキンス大学のケネス・D・ローズの『The Begining of the Age of Mammals』、それに学術論文などを加えながら、長鼻類の歴史を紐解いていきたい。

長鼻類の始まりは、古第三紀の最初の地質時代である暁新世の後期にまで遡ることができる。約5900万年前のことで、新生代が始まってからまだ1000万年も経過していないという早い時期である。本書でこれまで紹介してきたどの動物よりも出現が早い。

知られている限り最古の長鼻類を**エリテリウム**（*Eritherium*）という。 0-2-9 2009年にフランス自然史博物館のエマニュエル・ゲールブランによって報告された。その化石はアフリカのモロッコで発見されたものであり、以降、初期の長鼻類の話はアフリカを舞台として展開されることになる。3種の現生ゾウ類のうちの2種はアフリカ

長鼻類
エリテリウム
Eritherium
モロッコで発見された最古の長鼻類の右上顎骨。画像右方向が前方となる。標本長約5.5cm。
(Photo : Emmanuel Gheerbrant)

に生息していることを考えると、ゾウ類は祖先の地で命脈を保ち続けているわけだ。前項のウマ類との大きなちがいである。

　エリテリウムは標本長5cmに満たない下顎などの一部しか化石が発見されていないため、残念ながら現時点では復元図を描くことは難しい。しかしその一部の化石から推測される頭胴長は50cmほどで、最古のウマ類であるヒラコテリウムとほぼ同等である。すなわち、現在の小型犬と中型犬の中間ぐらいの大きさだ。ウマといい、ゾウといい、その祖先は室内で十分飼育できるサイズだったのである。

　エリテリウムの次に古い長鼻類を**フォスファテリウム**（*Phosphatherium*）という。0-2-10 モロッコの古第三紀始新世の前期の地層から頭骨の化石が発見されている。その長さは20cmほどで、そこから推測される頭胴長は60cm前後になるとみられている。その姿は、現生のカバ（*Hippopotamus amphibius*）を少し細くしたような形で描かれることが多い。

　全身骨格が発見されていて、より確実な復元図が描かれているものとしては、エジプトの**モエリテリウム**（*Moeritherium*）が最も古い長鼻類である。0-2-11 古第三紀の始新世前期から、その次の時代である漸新世前期まで生息していた。

▲▼0-2-10
長鼻類
フォスファテリウム
Phosphatherium
頭胴長60cm前後。現生のカバを細くしたような姿をしていたとみられるが、よくわかっていない。写真は、群馬県立自然史博物館所蔵標本。左上顎と考えられている。
（Photo：群馬県立自然史博物館）

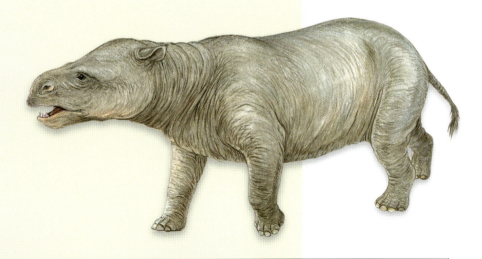

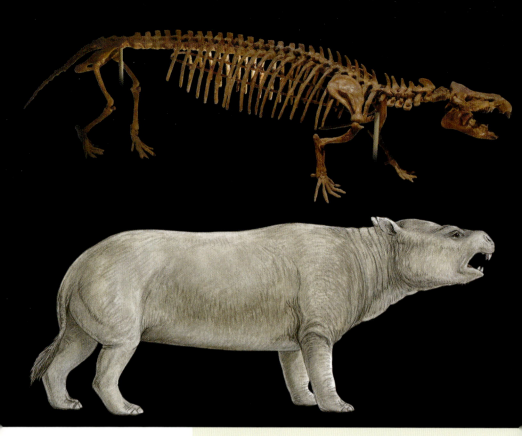

▲0-2-11
長鼻類
モエリテリウム
Moeritherium
2m近い頭胴長の7割近くを長い胴が占めている。そして、"短足"だ。上は、国立科学博物館所蔵標本。下は、復元図。
（Photo：オフィス ジオパレオント）

　モエリテリウムは肩高が60cmほどであるのに対し、頭胴長は2m近いという、なんとも独特の姿をした哺乳類である。見た目は現生動物でいえばコビトカバ（*Choeropsis liberiensis*）に近いとされる。……が、復元図を思わず二度見してしまうほど胴が長く、そして、短足だ。口には、上下の第2「切歯」が牙のように少しだけ発達している。ちなみに、前章で紹介した「剣歯虎」の牙は犬歯であったことに対し、長鼻類の牙は切歯であるという点はご記憶いただきたい。同じ「牙」という単語を使っても、もととなった歯は異なるのである。
　これらの初期の長鼻類は、「長鼻」類とはいえども、まだ「長い鼻」はもっていなかったとみられている。軟組織である鼻は化石としては残らないが、カバ、もしくはコビトカバのような風体の骨格をしている限り、モエリテリウムたちが長い鼻をもっていたと考える根拠は

ない。なお、化石が産出した地層などの情報から、モエリテリウムを含む初期の長鼻類はみな、淡水環境付近で半水棲の暮らしをしていたとみられている。河川か湖か、ともかくも長鼻類の進化の歴史が内陸の水際から始まったことはどうにも確からしい。

そして、鼻はのびた

　モエリテリウムと同時代、同地域に生息した長鼻類で、よりゾウ類に近い系統に位置づけられるのが、**フィオミア**(*Phiomia*)だ。 0-2-12　その大きさは資料によってばらつきがあるものの、『新版 絶滅哺乳類図鑑』では肩高1〜1.5mとされる。モエリテリウムの2倍前後の高さがあったということになる。モエリテリウムが水際を好んだことに対し、フィオミアは森林を好んだとされる。

　フィオミアは独特の"面構え"をもった長鼻類だ。長い上顎の先端にある切歯は、まさしく「牙」のように鋭く弧を描いて円錐形に発達する。一方で、下顎の切歯は平たく、まるでシャベルのようになっていた。鼻孔が後退したため、復元図を描くときは、鼻孔から口先まで太い鼻をのばして描く場合が多い。おかげで、復元されたフィオミアはなんともいえない顔つきとなり、こういう表現が適切かどうかはわからないが、漫画などで描かれる「鼻の下をのばした男の顔」のように見える。

　漸新世の次の時代である新第三紀の中新世になると、アフリカ以外にも長鼻類が生息域を広げるようになった。そうしたなか、ゾウ類ではないにしろ、フィオミアよりもゾウ類に近いとされる系統で出現したのが**プラティベロドン**(*Platybelodon*)である。 0-2-13

　プラティベロドンは肩高2mと、フィオミアよりもさらに大型化している。現在のアジアゾウの小柄な個体とほぼ同等だ。

　ただし、プラティベロドンとアジアゾウには決定的なちがいがある。それは、やはり頭部だ。下顎の牙がフィオミアのそれよりもさらに平たさを増して、しかも左右で接していた。フィオミアと比較してもますます"シャ

▲0-2-12
長鼻類
フィオミア
Phiomia
下顎にシャベルのような牙があった。ゾウ類への進化を示唆するような、"のびかけた鼻"をもっていたとみられている。下は復元図。
(Photo : Matthew Shanley, American Museum of Natural History)

ベル"の形に磨きがかかっており、『新版 絶滅哺乳類図鑑』では、「これを使って、沼沢地性の植物を根こそぎ掘り起こして食べていた」とされる。ちなみにプラティベロドンの鼻の長さに関しては、研究者あるいは画家によって復元に差があり、長い頭部の先端付近でとめる場合もあれば、その先にまでのばして先端をゾウ類と同じように丸くする場合もある。

▲0-2-13
長鼻類
プラティベロドン
Platybelodon
肩高2m。下顎の牙は、フィオミアよりも"シャベルらしさ"が増している。上は、群馬県立自然史博物館所蔵標本。
(Photo：群馬県立自然史博物館)

　「ゾウ類ではないけれども、それに近縁の長鼻類」として、もう1種紹介しておこう。**ゴンフォテリウム**（*Gomphotherium*）である。 0-2-14 肩高2.5〜3m。プラティベロドンよりも一回り大きく、アジアゾウの標準的なサイズに近い。新第三紀の中新世前期に登場し、その次の地質時代である鮮新世の前期まで生息していた。分布域はプラティベロドンと同様にアフリカ、アジア、ヨーロッ

▼0-2-14

長鼻類
ゴンフォテリウム
Gomphotherium

肩高2.5〜3m。ゾウ類に近縁な長鼻類。上下ともに、牙の形が独特である。次ページに復元図。

(Photo：Staatliche Naturwissenschaftliche Sammlungen Bayerns (SNSB) / Bayerische Staatssammlung für Paläontologie und Geologie (BSPG) 1971 I 275)

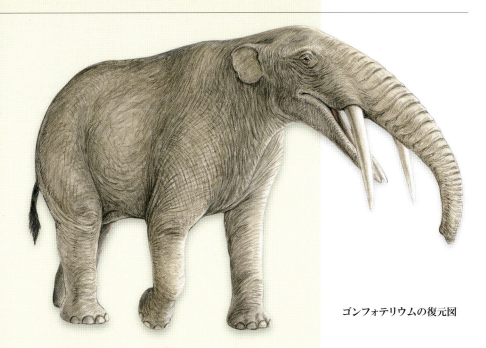

ゴンフォテリウムの復元図

パ、北アメリカと広範囲だった。

　ゴンフォテリウムの特徴も牙だ。上顎の牙は円錐形、下顎の牙はプラティベロドンほどではないにしろ横方向につぶれた形をしており、しかもどちらもそれなりの長さがあったのだ。その長さでは、池や川などで水を飲もうとしても、水深が深くない限り牙が邪魔をして飲めそうにない。しかも肩高が高く、首も短いという体なので、水面に口をつけるのも一苦労なようすである。そのため、ゴンフォテリウムは長い鼻をもつものとして復元される例が多い。長い鼻を上手に使うことで、高い位置に口があり、長い牙があっても、立ったままの姿勢で水を飲むことができた、というわけである。本書でこれまでに紹介してきた長鼻類のなかでは、最も「ゾウっぽい」姿といえる。

　そして新第三紀の中新世後期になると、アフリカにいよいよゾウ類が登場した。「最も原始的なゾウ類」として知られるその名は、**ステゴテトラベロドン**（*Stegotetrabelodon*）という。0-2-15　ゴンフォテリウムとほぼ同サイズながら、その姿は1点をのぞいて、ほぼ現在のゾウ類と変わ

63

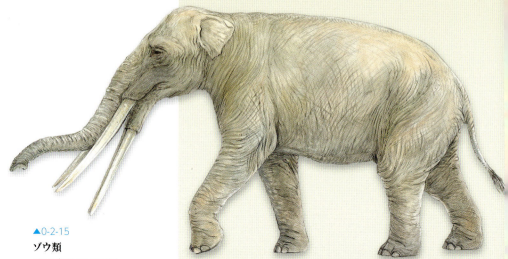

▲0-2-15
ゾウ類
ステゴテトラベロドン
Stegotetrabelodon
ゴンフォテリウムと同サイズの「最も原始的なゾウ類」。合計4本の長い牙をもつ。社会性をもっていたかもしれない。

らない。もっとも、その1点のおかげで"顔つき"はだいぶ異なるが……。

それは、やはり「牙」だ。ほぼストレートの長い牙が上顎から2本、下顎から2本、合計4本のびているのである。なお、2011年にフランス、ポワティエ大学のフェイサル・ビビたちによって、アラブ首長国連邦に分布する新第三紀の中新世後期の地層から、少なくとも13個体の世代の異なる長鼻類が残したとみられる足跡群が報告されている。この足跡群は、当時の長鼻類が現在のゾウ類と同じレベルの"群れの社会性"を獲得していた証拠とされている。また、その足跡群を残した長鼻類として、ビビたちはステゴテトラベロドンである可能性に言及している（ただし、断定はされていない）。

ところで、ここまで触れてこなかったが、彼らの歯は大きくて重い。私たちヒトの歯は、一般的に上下合わせて32本ある。しかし、現在のゾウ類は、牙をのぞけば、使っている白歯の数は上下左右に1本ずつ、合計4本だけで、そのどれもが大きい。日本では地域によっては抜け落ちた乳歯を屋根上に投げる風習があるが、ゾウ類の歯は重くて、とてもそんな高さまで投げられるものではない。仮に投げることができたとしても、その時は屋根の方が心配である。

長鼻類は進化にともなって使う歯の数を減らし、臼歯を大きく、重く発達させてきた。すると、当然のごとく、頭が重くなる。一方で大型化にともなって、四肢ものびてくる。かつて中生代に栄えた大型の植物食恐竜である竜脚類は、長い首をもっていた。しかし、それは軽くて小さい頭部だからこそなし得たことだ。進化した長鼻類の重い頭を支えるには、首が短い必要があった（てこの原理だ）。その結果、口が地面から遠くなり、結果として長い鼻が有利になった、というわけである。

　さて、人類とゾウ類の関わりについても、少し触れておこう。ゾウ類のなかで、初期の人類ととくに深い関わりをもったのは、ステゴテトラベロドンの出現した新第三紀中新世から二つのちの地質時代、第四紀更新世にいたケナガマンモス（*Mammuthus primigenius*）だろう。いわゆる「氷河時代」の人類にとって、その肉は食糧となり、皮は衣服の材料となった。牙は武器や道具に加工され、骨は住居の建材にも用いられた。 0-2-16 ケナガマンモスなしには、人類は寒期における拡散をなし得なかったかもしれない。なお、ケナガマンモスをはじめ、おそらく最も有名な絶滅ゾウ類であるマンモスたちについては、次巻第3部第3章で詳しく解説する予定だ。

▲0-2-16
建材としてのマンモス
国立科学博物館で復元・展示されている「マンモスハウス」。マンモスの骨は、シベリアにおいては、氷期の人類によって住居の材料に用いられた。牙や顎の骨、肩甲骨などの利用がよくわかる。
（Photo：オフィス ジオパレオント）

愉快な（?）長鼻類たち

　ステゴテトラベロドンにたどり着いたところで、長鼻類（ゾウ類）の進化に関する物語は、一度筆を置きたい。
　……とはいえ、せっかく、プラティベロドンやゴンフォ

▼▶ 0-2-17

長鼻類
デイノテリウム
Deinotherium

肩高4m。下顎の牙が、下方に向かって反るという独特の特徴のもち主。下は復元図。

（Photo：福井県立恐竜博物館）

▼▶0-2-18
長鼻類
アナンクス
Anancus

肩高3mの全身復元骨格。床面に置かれている2本のまっすぐな牙は、この標本の牙のオリジナル（実物）である。なお、本標本は発見者のフィリッポ・ネスチ（Filippo Nesti）氏にちなみ、「ピッポ（Pippo）」という愛称がついているという。

（Photo：Museum of Natural History, Geological and Paleontological Section, University of Florence, Italy）

テリウムなどの一風変わった長鼻類を取り扱ったので、ここではこの2種に勝るとも劣らない"変わり者たち"を紹介しておこう。

　ヨーロッパ、アジア、アフリカに分布する第四紀の更新世前期の地層から化石が産出する**デイノテリウム**(*Deinotherium*)は、大きなもので肩高4mと、アフリカゾウ並みの巨体をもつ長鼻類である（ゾウ類ではない）。 0-2-17 最大の特徴は下顎の牙で、下方に向かって反り返り、その先端はやや後方を向いていた。

　なんとも珍妙な牙の形で、どのように用いられていたのかについては、いくつかの説がある。『脊椎動物の進化』では、「地中から植物の根を堀り起こすのに用いられた可能性がある」としている。また、「古生物学の先駆者のなかには」と前置きを入れて、「デイノテリウムは河川に住んだ動物であって、夜間、水中で休んで眠るとき岸辺に自身をつなぎ止めるのにその牙を使ったのだと考えた人もいた」としている。一方、『新版 絶滅哺乳類図鑑』では、「樹木の皮をはがして食べていたと思われる」としている。いずれにしろ、生きている姿を見ることができないのがとりわけ残念な種の一つである。

　前項で紹介したゴンフォテリウムの仲間から、独特の牙をもつ肩高3mの**アナンクス**(*Anancus*)も紹介しておこう。 0-2-18 アナンクスの牙は、ほとんど弧を描かず、まっすぐのびることが特徴だ。そして、とにかく長い。場合によっては、3mもの長さになる場合もあるという。古代マケドニア軍の歩兵がもつ槍のようだ。新第三紀の中新世後期〜第四紀の更新世前期のアフリカ、ヨーロッパ、アジアで暮らしていた。

　ゾウたちも、かつては（も）ずいぶんと魅惑的な姿をしていたものである。

古第三紀・新第三紀・第四紀　上巻

第1部　古第三紀

PALEOGENE
PERIOD

第1部　古第三紀

1 | 大量絶滅事件の生き残り

第一紀、第二紀、第三紀

　約6600万年前、新生代の幕が開けた。

　新生代は三つの「紀」で構成されており、最初の時代の名前を「古第三紀」という。

　古第三紀は約2300万年前まで続いた地質時代である。その時代名は、「第三紀の古い方」という意味だ。ちなみに、次巻の第2部で紹介する「新第三紀」が「新しい方」である。「第三紀」とは、字のごとく「3番目の時代」という意味だが、「第三紀」という時代名そのものは現在では有効とされていない。必ず二つの時代に分けて、「古第三紀」あるいは「新第三紀」と表記することになっている。

　さて、「第三紀」が「3番目の時代」ならば、1番目の時代である「第一紀」や、2番目の時代である「第二紀」は存在しないのだろうか？

　結論からいえば、「第一紀」「第二紀」はかつて存在した時代区分だ。

　地質学黎明期に当たる18世紀なかば、世界の地層は、化石を含まない「初源岩」と、初源岩を覆い化石を含む「堆積岩」に分けられるという考えがあった。さらに、堆積岩に含まれる化石は、『旧約聖書』に記述のある大洪水より前のものと、後のものに分けられていた。そして、初源岩の地層ができた時代を「第一紀」、大洪水前の化石を含む堆積岩ができた時代を「第二紀」、大洪水後の化石の時代を「第三紀」とよんでいたのである。

　19世紀に地質学が発展するにつれて、「第一紀」はおおむね先カンブリア時代、「第二紀」はおおむね古生代か中生代とよばれるようになり、さらに細かい地質時代が設定されていった（「おおむね」というのは、何しろ地質学黎明期のことなので、厳密に一致しないからである）。こ

うして「第一紀」「第二紀」という名前は使われなくなったが、「第三紀」だけは時代名が更新されず、100年以上も残ることになったのである。

やがて、「第三紀」を二つに分ける時代区分として、「古第三紀」と「新第三紀」が生まれた。2004年になると、世界の地質時代・年代の基準を定める国際層序委員会が「第三紀」という時代名を非公式とし、「古第三紀」「新第三紀」のみを有効な時代名であるとした。こうした経緯を経て、現在に至っている。

なお、第三紀の英語表記「Tertiary」には「3番目」の意味があったが、古第三紀、新第三紀の英語表記である「Paleogene」と「Neogene」に「3番目」の意味はない。よって、日本においても「古第三紀」「新第三紀」という「三」を含む呼称を使い続けていいかどうかについては議論がある。ちなみに、第三紀が非公式名となる前の1996年に刊行された『地学事典』では、Paleogeneの訳語を「古成紀」、Neogeneの訳語を「新成紀」としていた(「新世紀」ではない。念のため)。

こうした議論はあるものの、2016年現在、日本地質学会による日本語記述ガイドラインは、「古第三紀」「新第三紀」という表記をなお有効としている。

古第三紀という時代

古第三紀は、約4300万年間続いた。これは、新生代の三つの時代のなかではずばぬけて長い。しかし、エディアカラ紀以降、白亜紀までの10の地質時代と比較すると、2番目に短いオルドビス紀の約4200万年間より少し長いくらいである。

古第三紀はさらに三つの「世」に分割される。「暁新世」(約6600万〜5600万年前)、「始新世」(約5600万〜3390万年前)、「漸新世」(約3390万〜2300万年前)である。

ここで、日本古生物学会が編纂した『古生物学事典』第2版(2010年刊行)と、イギリス、ブリストル大学のイアン・ジェンキンスが著した『生命と地球のアトラス』第3巻(2004年刊行)を参考にしながら、古第三紀という

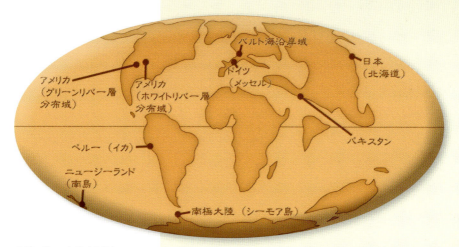

古第三紀の大陸配置図
インドはユーラシアと衝突する一歩手前であり、南極大陸とオーストラリアも分裂し始めていた。南アメリカはまだ孤立した大陸で北アメリカとはつながっていない。図中の国名や地域名は、第1部に登場する主要な化石産地。なお、この地図では上が北である。

時代を俯瞰しておこう。

古第三紀の幕が上がった当初、地球は「衝突の冬」とよばれる寒冷な気候に支配されていた。その後、ぐんぐんと温暖化が進み、暁新世と始新世の境界でピークを迎える。「Paleocene/Eocene Thermal Maximum」（PETM）とよばれる、およそ10万年しか続かなかった極端な温暖期だ。やがて、始新世のなかばに気候は寒冷化へ一転、その後はおおむね冷え込んでいくことになる。

こうした一連の気候変動に合わせて、世界の植生も大きく移り変わっていった。まず、温暖化の進む暁新世から始新世のはじめにかけて、世界中で亜熱帯の森林が構築された。この森林は、多くの哺乳類の始祖たちを育むことになる。現に、第零部で紹介したすべての動物グループは、森林性の動物としてスタートした。しかし、やがて気候は寒冷になり、同時に乾燥化も始まる。その結果、始新世の後半から漸新世にかけて亜熱帯林は縮小し、かわってイネ科を主軸としたいわゆる「草原」が拡大していった。この環境の変化が哺乳類たちに影響を与えたのは、第零部で説明したとおりである。

古第三紀の大陸配置はというと、現在とほぼ変わらぬ姿に形成されつつあった。白亜紀にアフリカから分裂し

たインドは、ユーラシアと衝突する一歩手前という状態にまで接近していた。一方で、オーストラリアが南極大陸から分離し、南極大陸は文字どおり南極に位置する孤高の大陸となった。この始新世後期に起きた南極とオーストラリアの分裂は、南極大陸を一周する冷たい海流を誕生させ、始新世から漸新世へと続く気候の寒冷化を促したとみられている。

アフリカ大陸はユーラシア（ヨーロッパ）に接近していき、「テチス海」とよばれた広大な海は事実上消えつつあった。「地中海」の誕生ももう間もなくである。一方で、南北アメリカも接近しつつあったが、いまだ陸橋は形成されず、南アメリカは孤立した大陸だった。

大量絶滅事件を乗り越えた謎の爬虫類

「コリストデラ類」という、淡水性の爬虫類グループがいた。本シリーズでは、『白亜紀の生物 下巻』第9章で「ワニに似た、ワニではないもの」として紹介しているが、いまだ聞き慣れない方もいるかもしれない。実際のところ、その知名度は高くなく、洋の東西を問わず資料は少ないし、研究者も少ない。

ワニに似たコリストデラ類の「ワニと異なる特徴」は、わかりやすい点で二つある。

一つは、頭頂方向から見たときの後頭部の形が、ハート形になっていること。もう一つは、口をパカッと開いたときに、上顎の裏に細かな歯が並んでいることである。この上顎の歯のことを「口蓋歯」とよぶ。1-1-1 ちなみにワニの仲間には、これらの特徴はない。

コリストデラ類の古いものは、ジュラ紀中期のアメリカから化石が発見されている。その後も白亜紀と、その末期に起こった大量絶滅事件をまたいで古第三紀、さらには新第三紀の最初の時代である中新世の地層からも化石が発見されている。知名度が高くないわりには、なかなか"長命"なグループである。

コリストデラ類は、なぜここまで長く命脈を保つことができたのか？ そもそも、大量絶滅事件をどうやって

▲▼1-1-1
コリストデラ類の頭骨と口蓋歯

コリストデラ類チャンプソサウルスの上顎骨（顎の内側）と、その拡大写真。コリストデラ類は、頭骨の後頭部がハートの形をしている。また、口蓋に細かな歯が並んでいることも特徴だ。中段は吻部の付け根のあたり、下段は吻部の中央あたりの口蓋歯。ミネソタ自然博物館所蔵標本。　（Photo：松本涼子）

乗り越えることができたのか?

　コリストデラ類の数少ない専門家、神奈川県立生命の星・地球博物館の松本涼子によれば、「その理由はよくわかっていない」とのことである。何しろ、発見されている標本の数が少なく、研究者も少ないというのがコリストデラ類研究の実情である。

　そのような状況ではあるが、松本は2010年に、イギリスのユニバーシティ・カレッジ・ロンドンのS・E・エヴァンスとともに、コリストデラ類の生息域に関する研究をまとめている。これによれば、コリストデラ類の化石は一貫して北半球の北部地域から産出しているという。なかでも温帯に分布していることが多く、完全な乾燥帯や熱帯からは化石がほとんど見つからない。コリストデラ類は涼しい環境を好んでいたのだ。その意味でも、熱帯を好むワニ類とは異なっている。

　白亜紀の終わりに、隕石衝突によって舞い上がった塵が長期間にわたって地球を覆い、「衝突の冬」とよばれる一時的な寒冷化が発生した。コリストデラ類が寒さに強かったことと、彼らが衝突の冬を生き抜いたことには、何か関係があるのかもしれない。しかし、それを断定するには、もう少し研究の進展を待つ必要があるだろう。

　コリストデラ類はこれまでに11属が報告されている。この11属は、次の三つのグループに分けることができる。ワニに似た全長2〜5mの「吻部の長いタイプ」（4属）と、全長1mほどの「首の長いタイプ」（3属）、全長50cmほどの「トカゲのようなタイプ」（4属）である。このうち、「首の長いタイプ」が確認されるのは白亜紀前期だけだが、「吻部の長いタイプ」と「トカゲのようなタイプ」はともに中生代と新生代の二つの「代」にその足跡を残している。最も長い歴史をもつのは「トカゲのようなタイプ」だ。ジュラ紀中期に確認される最初のコリストデラ類も、新第三紀の中新世に確認される最後のコリストデラ類もこのタイプである。

　ここで、古第三紀のコリストデラ類として紹介しておきたいのは、次の3属だ。

　一つは、北アメリカやヨーロッパから化石が発見さ

▲1-1-2
コリストデラ類
チャンプソサウルス
Champsosaurus
白亜紀末の大量絶滅事件を乗り越えたコリストデラ類。吻部が長く、現在のガビアル類に似ている。

れている「吻部の長いタイプ」の**チャンプソサウルス**（*Champsosaurus*）である。1-1-2『白亜紀の生物 下巻』でも紹介した通り、白亜紀の地層と古第三紀の暁新世の地層から化石が発見されており、白亜紀の大量絶滅事件を乗り越えた属として知られている。大きなものでは全長4m近くにもなり、その風貌は現生のワニ類である「ガビアル類」とよく似て、吻部が細くて長い。

二つ目も、チャンプソサウルスと同じく「吻部の長いタイプ」である。その名は**シモエドサウルス**（*Simoedosaurus*）。1-1-3北アメリカとヨーロッパの暁新世の地層から化石が発見されている。全長は大きなもので5m近くにも達し、チャンプソサウルスより大きい。吻部は、チャンプソサウルスほど細くない。コリストデラ類の特徴である口蓋歯は、チャンプソサウルスは狭い範囲に並んでいることに対し、シモエドサウルスは幅の広い口蓋にまんべんなく並び、まるですりこぎのようになっている。

三つ目は、**ラザルスクス**（*Lazarusuchus*）だ。1-1-4知られている限り最後まで生き残っていたコリストデラ類で、「トカゲに似たタイプ」である。ヨーロッパの、古第三紀暁新世から新第三紀中新世にかけての地層から化石が発見されている。松本たちは、フランスの暁新世の地層から発見された頭胴長22cmほど（全長40cm前後）のラザルスクスの標本を細部まで調べ、2013年に報告している。この論文によって、ラザルスクスの尾には凸

▲1-1-3
コリストデラ類
シモエドサウルス
Simoedosaurus
チャンプソサウルスと同じく「吻部の長い」コリストデラ類。最大で全長5mに達した。上段はミネソタ自然博物館所蔵の標本(アメリカ、ノース・ダコタ州産)で、頭部を頭頂側から見たもの(左)と、その裏側から見たもの(右)。標本長約65cm。下は復元図。
(Photo：松本涼子)

▲1-1-4

コリストデラ類

ラザルスクス

Lazarusuchus

チャンプソサウルスやシモエドサウルスとは異なり、「トカゲに似た」コリストデラ類。全長は約40cmで、チャンプソサウルスやシモエドサウルスと比べると小柄。上は、フランス産の標本（上段）とその拡大写真（下段）で、尾に並ぶ突起を確認することができる。ムナ博物館所蔵標本。

(Photo：Sophie Hervet / Association Paléovergne, Musée de Menat, Mairie de Menat)

状の鱗が並んでいたことが明らかにされた。恐竜類を含むすべての爬虫類において、いや、脊椎動物全般を見回しても、鱗の痕跡が化石に保存されていることは珍しい。

「口蓋の歯」の使い方

　松本による興味深い研究を紹介しておこう。コリストデラ類がどのように獲物を捕らえ、飲みこむかについての多角的な研究である。

　現生ワニ類は、首を上下に振り、獲物を空中にトスすることができる。トスを繰り返すことで獲物の向きを調整し、ちょうどいい角度で落ちてきたときに、ひと飲みで平らげるというわけだ。

　松本によれば、チャンプソサウルスは姿がワニに似ているとはいえ、首が上方にほとんど動かず、獲物をトスして飲み込むことは不可能だったという。そこで役立つのが口蓋歯である。

　2015年、松本とエヴァンスは、口蓋歯を詳細に観察した研究を発表した。この研究では、口蓋歯は口の奥に並ぶものほど後ろに向いて生えいる傾向があることが示された。そのため、獲物を口に入れて「あぐあぐ」と顎を動かし、舌（化石には残らない）を連携させることで、獲物が自然と喉奥へ送り込まれたのではないかという。さらにこの研究では、たとえば同じシモエドサウルスでも、ヨーロッパに生息していたシモエドサウルス・レモイネイ（*Simoedosaurus lemoinei*）と北アメリカのシモエドサウルス・ダコテンシス（*Simoedosaurus dakotensis*）では、レモイネイの方がより鋭い口蓋歯をもっていたことが示された。これは、レモイネイがダコテンシスよりも柔らかい獲物を補食していた可能性を示唆するという。「口蓋歯」。それは小さな歯だけれども、コリストデラ類の謎を解き明かす一つの突破口となるかもしれない。

　いずれにしろ、コリストデラ類の研究はまだ黎明期である（最初の化石の発見から、すでに1世紀以上経過してはいるのだが）。知名度が低いため、たとえば、「トカゲの

ようなタイプ」の標本がそのまま「トカゲ」として博物館に陳列されていたこともあるし、「なんだかよくわからないもの」として、研究者の机の中にしまわれっぱなしになっていることもあるという。「ひょっとして、あなたの博物館や研究室に標本が眠っていませんか」と、松本は世界各地の研究者に情報提供をよびかけている。

史上最大のヘビ

ヘビ類。コリストデラ類とは異なり、こちらは恐竜時代に登場し、今なお"現役バリバリ"の爬虫類である。

現在の地球における「長いヘビ」といえば、東南アジアに生息する全長10mのニシキヘビ類（科）アミメニシキヘビ（*Python reticulatus*）や、南アメリカに生息する全長9mのボア類（科）オオアナコンダ（*Eunectes murinus*）が有名だ。ともに毒をもたず、獲物を絞め殺す狩りを行う。主要なターゲットはワニや大型の哺乳類であり、ときに人間を襲うことすらある。

そんなオオアナコンダさえ可愛く見えるような（……は、いい過ぎかもしれないが）巨大なヘビが、古第三紀の最初の時代、暁新世のコロンビアに生息していた。その名を**ティタノボア・セレジョネンシス**（*Titanoboa cerrejonensis*）という。 1-1-5 「セレホン地域の巨大なボア」とい

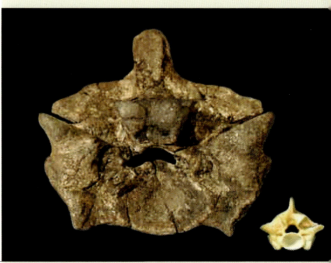

▶ 1-1-5
ヘビ類
ティタノボア
Titanoboa
ティタノボアの脊椎（長径約12cm）と、現生のボア（*Boa constrictor*）の脊椎（画像右下）。並べると小さく見えるが、現生のボアの方の全長は約3.4mにおよぶ。ティタノボアの全長は推して知るべしである。右ページは、ワニを食べるティタノボアの復元図。
(Photo：Head et al. 2009)

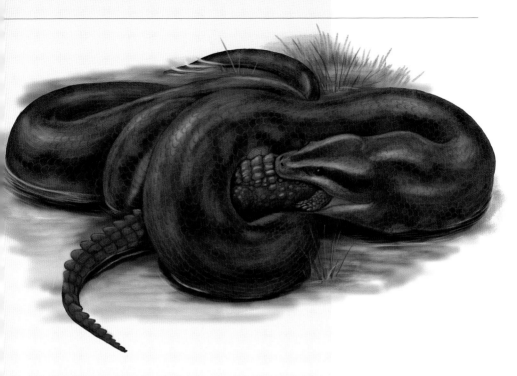

う意味だ。この名が示唆するように、オオアナコンダと同じ、ボア類に分類される。

　ティタノボアは、カナダ、トロント大学のジェイソン・J・ヘッドたちによって2009年に報告された。発見されたのは脊椎など一部の骨にすぎないが、その骨から推測される全長は13m、体重は1135kgに達するという。これまでに知られているヘビのなかで、最大の存在である。

　ヘビは外温性の動物であり、外温性の動物が活動するには一定の高さの気温が必要となる。ヘッドたちは、ティタノボアの活動に適した気温は30〜34℃であると算出した。なかなかの高温だ。これは、ティタノボアの生きた暁新世末が、温暖化の激しく進んでいた時期であることと矛盾しないデータである。もっとも、この気温の推測方法については議論があり、本当に30〜34℃の高温が適正だったかどうかについては結論が出ていない。

　インターネットで動画を配信している「Smithsonian

channel」（http://www.smithsonianchannel.com）では、ティタノボアをさまざまな視点で検証しているので、興味のある方はアクセスしてみるといいだろう。右上の虫眼鏡マークをクリックして、「Titanoboa」と入力すれば、ティタノボアに関するさまざまな番組を見ることができる（音声は英語ではあるが、比較的聞き取りやすいし、映像が補ってくれるものもあるのでご安心されたい。なお、番組は長くても4分弱）。ティタノボアの大きさや、大きいことによる"恐ろしさ"がよくわかる番組ばかりだ。ちなみに、同じ番組はYoutubeでも見ることができる（執筆時現在）。

台頭した「飛べない鳥」

中生代に繁栄した恐竜類のなかで、白亜紀末の大量絶滅事件を乗り越えた生き残りが鳥類である（ただし、鳥類も大打撃を受けている）。2014年に発表された、アメリカ、ハワード・ヒューズ医学研究所のエリック・D・ジャービスたちの研究によれば、現生鳥類のゲノムを解析した結果、鳥類は大量絶滅事件の直後に多様化を開始し、ほとんどの現生グループが瞬く間に出そろったという。それまでは翼竜類とともに空を棲み分けていた彼らが、翼竜類の絶滅後にすばやく制空権を確保したわけだ。

空どころか、地上の支配権すらも一時は哺乳類と争っていたのではないか？　そんな指摘のもとになった鳥類がいた。古第三紀の暁新世から始新世のなかばにかけて、ヨーロッパや北アメリカ、アジアに生息していた「ガストルニス類」だ。体高は2mで、大きなクチバシと力強い脚をもつ一方、翼が小型化して飛べなくなった地上性の鳥類である。グループ名にもなっている**ガストルニス**（*Gastornis*）に代表される。 1-1-6

ガストルニス類については、ひょっとしたら「ディアトリマ（*Diatryma*）」という名がよく知られているかもしれない。ドイツ、ゼンケンベルク研究所のゲラルド・マイヤーが著した『Paleogene Fossil Birds』（2009年刊行）

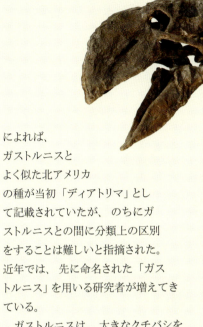

◀ 1-1-6
ガストルニス類
ガストルニス
Gastornis
身長2mに達する"飛べない鳥"。群馬県立自然史博物館所蔵の全身復元骨格。現在では植物食性だったとみられている。次ページに復元図。
（Photo：安友康博/オフィス ジオパレオント）

によれば、ガストルニスとよく似た北アメリカの種が当初「ディアトリマ」として記載されていたが、のちにガストルニスとの間に分類上の区別をすることは難しいと指摘された。近年では、先に命名された「ガストルニス」を用いる研究者が増えてきている。

　ガストルニスは、大きなクチバシをもっているため、長らく肉食性であると考えられてきた。しかし、1990年代以降になると、ガストルニスのクチバシの先端が現在の猛禽類（もちろん肉食性である）のように鋭く尖っていないことなどを理由に、「じつは植物食性ではないか」という指摘が出るようになった。

　ガストルニスは何を食べていたのか？
　この謎をめぐっては、こんな角度からの議論もなされている。2012年、アメリカ、ウェスタン・ワシントン大学のジョージ・E・ムストーたちは、ワシントン州の古第三紀始新世の前期の地層から、大きさ15cmほどの鳥類の足跡化石を報告した。化石の場合は、足跡であっても学名がつく。この足跡には、「川岸に棲む鳥」の意味で「リバビペス（*Rivavipes*）」の名が与えられた。ムストーたちは、リバビペスの形と地層の年代から

ガストルニスの復元図

考えて、足跡の主はガストルニスであるとしている。加えて、リバビペスには猛禽類に見られるような鋭いかぎづめの痕跡がないので、ガストルニスは獲物を狩る肉食性ではなく、植物食性だった可能性がある、と指摘したのだ。

　さらに、2014年には化学分析からの指摘もなされた。フランス、クロード・ベルナール・リヨン1大学のD・アングストたちによるこの研究では、ガストルニスの骨をつくる炭素の同位体が、同時期に生息していた植物食性の哺乳類のものと比較された。その結果はじき出された値は、ガストルニスが植物食であることを示すものだった。また、この研究では、ガストルニスの顎の筋肉組織を復元し、現生鳥類との比較を行っている。結果はやはり、現生の肉食性の鳥類より、植物食性の鳥類に似ているという。

　初期哺乳類にとってみれば、この大きな鳥類は、食

べようと襲ってくる直接的な脅威ではなく、植物食動物としての競合相手だったのかもしれない。

魚たちの新時代

海に話を移そう。

現在の海で暮らす魚類のなかで、圧倒的多数派は条鰭類である。現生種数は、約2万7000種。クロマグロ（*Thunnus orientalis*）にカツオ（*Katsuwonus pelamis*）、サンマ（*Cololabis saira*）、マダイ（*Pagrus major*）、ヒラメ（*Paralichthys olivaceus*）……みんな、条鰭類だ。しかも、「多数派」というのは魚類の内に限った話ではない。脊椎動物全体を見ても、その約半数を占める大所帯なのである。

条鰭類の祖先は、古生代シルル紀に出現した（『オルドビス紀・シルル紀の生物』第2部第5章参照）。当初は少数派だった彼らが、いったいいつ、現在のような多様性を手に入れたのか？

結論からいえば、白亜紀末の大量絶滅事件が一つのきっかけとなったようだ。2015年、カリフォルニア大学のエリザベス・C・シバートとリチャード・D・ノリスは、魚類の「歯の化石」に注目した。それも、地上に露出した地層から産出したものではなく、深海底の堆積物から採取されたものを研究対象にした点が新しい。

シバートとノリスは、国際的な深海掘削計画によって、北太平洋、南太平洋、北大西洋、中央大西洋、南大西洋の海底堆積物を採取した。加えて、イタリアの地上から採掘した石灰岩から、かつてのテチス海域のデータを得た。そして、それらに含まれる条鰭類の歯化石の数の変化を調べた結果、すべての研究サイトで、歯化石が大量絶滅事件の後で明らかに増加していることがわかったのである。しかも、少なくとも2400万年間は増加し続け、歯のサイズ自体も大型化していったという。

ノリスは、カリフォルニア大学のプレスリリースのなかで、「大量絶滅事件で多くの海凄動物が滅んだことで、条鰭類たちは捕食と競争から解放された」と述べている。

第1部　古第三紀

2 鳥類、"水中"へ進撃す

ペンギン、登場す

　動物園と水族館の人気者、ペンギン。現在の地球には、南極大陸を中心として南半球に約20種生息している。体高120cmで首回りが黄色いコウテイペンギン（*Aptenodytes forsteri*）や、体高75cmで頭部が黒いアデリーペンギン（*Pygoscelis adeliae*）などがよく知られているだろう。

　ペンギン類の登場は早い。白亜紀末の大量絶滅事件からわずか400万〜500万年後には、"最古のペンギン"が出現しているのだ。その名を**ワイマヌ**（*Waimanu*）という。1-2-1 ニュージーランド、GNSサイエンスのクレイグ・M・ジョーンズ、オタゴ大学の安藤達郎（現・足寄動物化石博物館）、オタゴ大学のR・イワン・フォーダイスたちによって、ニュージーランドの南島にあるワイパラ川に分布する古第三紀の暁新世初期の地層から2006年に報告された。ワイマヌ属には、体高90cmのワイマヌ・マンネリンギ（*Waimanu manneringi*）と、体高75cmのワイマヌ・トゥアタヒ（*Waimanu tuatahi*）の2種が確認されている。

　2006年に、ニュージーランド、マッセー大学のケリン・E・スラックと安藤たちによって、ワイマヌの全体像が明らかにされた。フォーダイスが、アメリカ、ノースカロライナ州立大学のダニエル・T・セプカとともに日経サイエンス2013年3月号に寄稿した記事の表現を借りれば、その姿は現生のペンギンよりはむしろウ（鵜）の仲間に近い。すなわち、首やクチバシが細長く、細い翼（フリッパー）をたたむことができたという。

　ワイマヌは、現生ペンギンのように水中を泳ぐことができたのか？

　セプカと安藤は、2011年に刊行された『Living Dinosaurs: The Evolutionary History of Modern Birds』

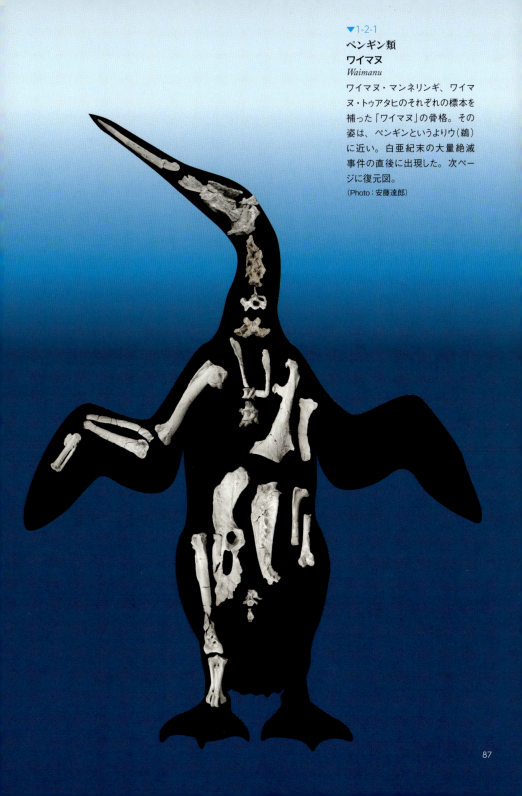

▼1-2-1
ペンギン類
ワイマヌ
Waimanu

ワイマヌ・マンネリンギ、ワイマヌ・トゥアタヒのそれぞれの標本を補った「ワイマヌ」の骨格。その姿は、ペンギンというよりウ（鵜）に近い。白亜紀末の大量絶滅事件の直後に出現した。次ページに復元図。
（Photo：安藤達郎）

ワイマヌの復元図

に、ペンギン類の進化に関する原稿を寄稿している。そのなかで挙げられているワイマヌの大きな特徴は、翼が長く、翼を構成する骨がやや厚いことだ。また、全体の骨密度が飛行性の鳥類よりも高く、重いという。これは、水中に深く潜るのに有利な特徴である。

なお、現生のペンギン類でこそ、黒色と白色の"タキシード姿"が基本だが、過去においてはそうでなかったかもしれない。ペルーの古第三紀の始新世後期(約3600万年前)の地層から発見された**インカヤク・パラカセンシス**(*Inkayacu paracasensis*) 1-2-2 の化石は、翼の一部に羽毛が残っていた。アメリカ、テキサス大学のジュリア・A・クラークたちが、2010年にその羽毛を分析したうえで、羽毛の大部分が灰色と赤褐色であった可能性を指摘している。

◀ 1-2-2
ペンギン類
インカヤク
Inkayacu
「色の手がかりのある古生物」の一つ。絶滅したペンギン類においては、現時点で唯一の手がかりだ。復元図は、翼の部分に残された羽毛化石の分析にもとづいて着色した。ただし、全身がこのような色であったかどうかはまだ謎で、今後の研究次第では変わる可能性もある。体高は不明。

ペンギン、躍進す

　古第三紀の始新世になると、ペンギン類の進化の物語は大きく前に進むことになる。「冷たい海への適応」を始めるのである。

　現生のペンギン類は、南極大陸などのきわめて寒冷な地に生息し、きわめて冷たい海を泳ぐ。そんな環境下で、彼らは自分の体温をどのように維持しているのだろうか？

　ポイントは「上腕動脈網」とよばれる血管の束だ。上腕動脈網は翼の付け根に存在し、心臓に戻る前の血液を温める役割を果たす（ちなみに同様の熱交換の血管網は、下半身にも存在する）。上腕動脈網の獲得によって、ペンギンは冷たい水中でも体温を保つことができるようになったのである。

　シーモア島に分布する古第三紀始新世の初期（約4900万年前）の地層からは、デルフィノルニス（*Delphinornis*）など3属の小型種の化石が出ている。2011年、オタゴ大学のダニエル・B・トーマスたちは、これらのペンギンたちに上腕動脈網を確認した。シーモア島は南極大陸から南アメリカの方に向かって突き出た半島の先にある島だ。ちなみにこの研究では、最古のペンギン類であるワイマヌには上腕動脈網がないことも確認されている。

ここでポイントとなるのは、シーモア島は現在でこそ極寒の地であるものの、4900万年前はそうでなかったということである。当時の南極大陸は緑に覆われた土地で、トーマスたちによれば、シーモア島付近の海水温は15℃であったという。デルフィノルニスたちが暮らしていた陸や海は、今よりもずっと温暖だったのだ。……にもかかわらず、寒冷な気候での暮らしに役立つ上腕動脈網を備えていた。ここが、初期ペンギン類をめぐるミステリーの一つといえるだろう。トーマスたちは、温暖な時代であっても、長時間にわたる水中の狩りには上腕動脈網が役立ったとしている。一方で安藤は、元は別の役割を果たしていた上腕動脈網が、温暖な気候において放熱や血管の保護に役立った可能性を指摘している。

　いずれにしろ、ペンギンたちは上腕動脈網を備えたおかげで、やがて訪れる寒冷な時代にも南極大陸で暮らし続けることが可能になったのである。

　さて、ワイマヌはニュージーランドの南島、デルフィノルニスは南極のシーモア島と、ともに化石の産出は高緯度地域からだ。このことは、現生のペンギン類の分布とさほど変わらない。一方で、そうでない化石産地もある。ペルー北部、イカにほど近い場所からも、古第三紀の始新世中期（約4200万年前）のペンギン類の化石が発見されている。

　この化石産地の緯度は南緯14度34分で、始新世中期の当時とさして変わらない。南半球のことなので、日本に住んでいるとあまりピンとこないかもしれないが、熱帯雨林、亜熱帯雨林の分布域である（たとえば「南緯」を「北緯」に変えれば、北緯14度にはフィリピンやカンボジアといった国々が並ぶ）。始新世中期といえば、地球が温暖化の道を突き進んでいたころである。フォーダイスとセプカによれば、この地に暮らしていたペンギン類は、「地球史上で最も暑かった時期の1つに、最も暑い地域に棲みついていた」ということになる。このペンギン類の名を、**ペルディプテス・デブリエシ**（*Perudyptes devriesi*）という。 1-2-3

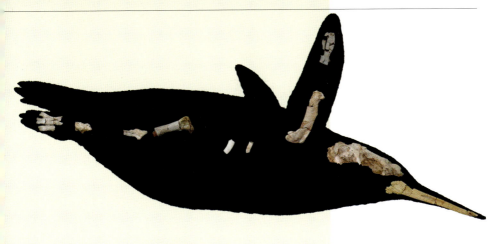

◀▲ 1-2-3
ペンギン類
ペルディプテス
Perudyptes
発見されている化石を本来の位置に配置したもの(上段)と、その復元図(下段)。体高は75cm前後。「最も暑い時代の最も暑い地域」に生息していたとされる。
(Photo：Daniel T. Ksepka, Kristin Lamm)

ペルディプテスは、ワイマヌ・マンネリンギとほぼ同等のサイズのもち主で、長く細いクチバシを特徴とする。ただし、ワイマヌと比較して上腕骨は平たくなっており、ワイマヌとちがって全身像にうらしさはない。クチバシの長さなどに"多少の違和感"はあるものの、見た目は「ペンギンらしい姿」となっている。

ペンギン、大型化す

ペンギン類の化石種は50種をこえるという。そのなかから、古第三紀のペンギン類の象徴ともいえる種を紹介していこう。

まず、欠かせないのは、始新世後期（約3600万年前頃）のペルーに出現した**イカディプテス・サラシ**（*Icadyptes salasi*）である。[1-2-4] 前項で、ペルディプテスという種の化石産地が「ペルーのイカにほど近い」と書いた。イカディプテスは、まさにその「イカ」という地名を名前の由来にもつペンギン類である。両者の化石産地は近く、イカディプテスもまた、赤道にほど近い場所を生活圏としていた。

イカディプテスの化石は、ほぼ完全な頭骨と頸椎、腕の部分化石が発見されている。その化石から蘇ったのは、このペンギン類の恐ろしい姿だ。セプカたちが2008年に発表した論文によれば、イカディプテスのクチバシの長さは23cmにも達し、しかも先端が鋭い。まるで西洋の片手剣、「レイピア」のようである。ちなみに、ドイツのゲラルド・マイヤーが著した『Paleogene Fossil Birds』（2009年刊行）では、現生のケープペンギン（*Spheniscus demersus*）とイカディプテスを比較しているが、ケープペンギンのクチバシの長さはイカディプテスの3分の1にも満たない。

クチバシだけが特徴ではない。イカディプテスは太くがっしりした首と、大きくて力強い翼をもっていた。推測される体高は、現生のコウテイペンギンを大きく上回る150cmである。ちなみに、厚生労働省のまとめによれば、現代日本における12歳の少年少女の身長が平

均約150cmだ。セプカたちによれば、イカディプテスは大きな獲物にその長いクチバシを突き刺すという狩りをしていたという。まちがっても、少年少女をそばに近づけてはいけないペンギンである（絶滅しているけれども）。

　大型種はイカディプテスだけではなかった。ほぼ同時期にニュージーランドに生息していたとみられるパキディプテス・ポンデローサス（*Pachydyptes ponderosus*）は、一部の骨しか発見されていないために全身復元はなされていないものの、推測される全長はイカディプテスと同じ150cm、体重は70kgとも100kgともされている。上腕骨のサイズに注目すれば、あるいはもう少し大きかったかもしれない、ともされる。

　また、デルフィノルニスと同じシーモア島の古第三紀始新世の後期の地層からは、**パラエエウディプテス・クレコウスキイ**（*Palaeeudyptes klekowskii*）の大きくてがっしりとした足の部分化石などが報告された。1-2-5　その全長は170cmに達すると見積もられている。これまでに知

▲1-2-4
**ペンギン類
イカディプテス**
Icadyptes
頭骨化石（上段）と復元図（下段）。頭骨の標本長は30cmにも達し、復元された体高は150cmにも達した。
(Photo : Daniel T. Ksepka)

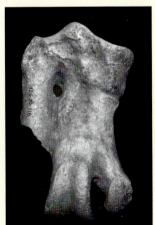

◀1-2-5
**ペンギン類
パラエエウディプテス**
Palaeeudyptes
足の骨（跗蹠骨）の一部。標本長約12cm。その全身像は不明ながらも、この部分化石からは本種が相当な大きさだったことがうかがえる。
(Photo : Carolina Acosta Hospitaleche)

▼▶ 1-2-6
ペンギン類
カイルク
Kairuku

左の翼をつくる骨の化石（左）と、左足の化石（右）、および全身の復元図（下）。イカディプテスにはおよばないものの、体高約130cmという大型種である。
（Photo：R Ewan Fordyce / Geology Museum-University of Otago）

られているなかでは最大のペンギンだ。

　大型種は、始新世だけにいたわけではない。イカディプテスたちが生息していた時期からおよそ1000万年後、古第三紀の漸新世後期のニュージーランドには、**カイルク**（*Kairuku*）がいた。1-2-6 2012年にセプカや安藤たちが、カイルク・ワイタキ（*Kairuku waitaki*）とカイルク・グレブネフィ（*Kairuku grebneffi*）の2種を報告している。これらのペンギン類は、体高130cm、体重60kg以上と推測されている。イカディプテスやパラエエウディプテスの大きさには敵わないものの、それでも現生のコウテイペンギンを上回るサイズである。ともに細長い翼と、がっしりとした脚をもつペンギンだ。ちなみに、カイルク・ワイタキとカイルク・グレブネフィを比較すると、ワイタキのクチバシは先端が下方を向いていることに対し、グレブネフィはまっすぐのびている、などのちがいがある。発見されているすべての標本を比較すると、グレブネフィの方がやや大きい。ただし、これが種として大きいのか、個体差なのかは不明であるという。

　大型種ばかりではない。新第三紀の中新世初期のアルゼンチンに出現したエレティスクス・トンニイ（*Eretiscus tonnii*）は、全身像は不明ながらも、体高は45cmほど

と推測されている。現生ペンギン類における最小種のコガタペンギン（*Eudyptula minor*）とほぼ同じサイズだ。フォーダイスとセプカは、先に紹介した日経サイエンスの記事のなかで、「エレティスクスは、天敵に襲われるのを避けるために、何十羽もの集団を作って海を渡っていたのかもしれない」としている。

ペンギンモドキ、遅れて登場す

　ペンギン類が南半球に生息域を広げていった時代、北半球の太平洋海域に出現した鳥類がいた。プロトプテルム類、通称「ペンギンモドキ」とよばれる鳥たちである。この通称が示すように、ペンギン類のように空を飛べず、かわりに水中を泳ぐ鳥類である。ペンギン類が白亜紀末の大量絶滅事件直後の古第三紀暁新世の初期に出現していることに対し、ペンギンモドキことプロトプテルム類は遅れること数千万年、古第三紀始新世の後期に現れた（ただし、暁新世の化石は単に見つかっていないだけという指摘もある）。

　そのプロトプテルム類から3属を紹介しておこう。いずれも、日本から化石が見つかっている。

　一つは、グループ名の由来である**プロトプテルム**（*Plotopterum*）だ。[1-2-7] 化石は、古第三紀の漸新世後期〜新第三紀の中新世前期にかけての地層から発見されている。1979年、アメリカのスミソニアン自然史博物館のストーズ・L・オルソンと、本書の監修である群馬県立自然史博物館の長谷川善和（当時、国立科学博物館所属）は、アメリカの科学誌『Sciecne』に、日本とアメリカのワシントン州で発見されたプロトプテルムに関する論文を発表した。同誌の表紙を飾ったこの論文により、プロトプテルム類の存在は広く知られるようになり、鳥類における収斂進化（別の系統の動物が、進化の結果として姿が似ること）の例として高い関心が集まったという。ちなみに、日本とアメリカではよく似たプロトプテルム類が発見されることが多く、プロトプテルムはその一つに数えられることも指摘されている。

▶ 1-2-7

プロトプテルム類
プロトプテルム
Plotopterum

いわゆる「ペンギンモドキ類」の代表。体高約2mというなかなかの大型種。ペンギン類のワイマヌとよく似た姿をしている。

　二つ目は、コペプテリクス（*Copepteryx*）だ。こちらもオルソンと長谷川によって1996年に報告された属で、古第三紀の漸新世前期の化石が報告されている。なかでもコペプテリクス・ティタン（*Copepteryx titan*）と名付けられた種は、現生のコウテイペンギンをこえる大きさで、全長はじつに1.8mと見積もられるという。

　三つ目は、むかわ町穂別博物館の櫻井和彦たちによって、2008年に報告された**ホッカイドルニス**（*Hokkaidornis*）である。 1-2-8　その名が示すように、北海道の漸新世後期の地層から発見された。ちなみにホッカイドルニ

◀ 1-2-8

**プロトプテルム類
ホッカイドルニス**
Hokkaidornis
足寄動物化石博物館所蔵の全身復元骨格。体高約130cm。次ページに復元図。
(Photo:安友康博/オフィス ジオパレオント)

ホッカイドルニスの復元図

スの種小名を「アバシリエンシス（*abashiriensis*）」という。すなわち「網走」。徹頭徹尾、北海道にこだわった命名だ。ホッカイドルニスは、プロトプテルム類のなかでは最も多くの部位がそろった標本の一つである。足寄動物化石博物館に展示されている全身骨格は安藤たちによって復元されたもので、身長は130cmになる。

また、「ペンギンモドキ」とはいうものの、現生ペンギン類に似ているわけではない。現生ペンギン類と比べた場合、胴体が短くて首が長く、翼もパドル状にはなっていない。どちらかというと、「最古のペンギン類」であるワイマヌ（▶P.86）にそっくりだ。ペンギンモドキの水生適応の程度は、同時代のペンギン類よりもずっと原始的だったのである。

そんなプロトプテルム類は未報告の標本が多く、長谷川たちが系統的な位置付けを含めた研究を進めているとのことである。

東京大学総合博物館の河部壮一郎（現・岐阜県博物館）たちは、2013年にプロトプテルム類の頭部の化石をCTスキャンを用いて解析し、その脳の形状がペンギン類のものとよく似ていることを指摘している。このことが

何を意味するかは、今後の研究次第というところだろう。

ペンギン様鳥類、敗北す

　古第三紀の北太平洋沿岸域においておおいに繁栄したプロトプテルム類。彼らと、ルーカスウミガラス類やオオウミガラス類といった小型種のグループも含めて「ペンギン様鳥類」という。当時、ペンギン様鳥類の生息域は日本と北アメリカの太平洋沿岸域に広がり、種の多様性も豊かだった。

　しかし、現在では彼らの姿を見ることはできない。
　いったい、ペンギン様鳥類に何が起きたのか？
　2014年に安藤とフォーダイスは、ペンギン様鳥類の化石データを検証し、海棲哺乳類の化石データと比較する研究を発表した。この研究によって、約2800万年前（古第三紀の漸新世後期）からの800万年間で、両グループの多様性の変化は、対照的なパターンを示すことが明らかになった。すなわち、海棲哺乳類、とくにクジラ類の多様性が増加していった時期に、ペンギンやペンギン様鳥類の多様性は減少していったという。そして、このときまっさきに姿を消したのは大型種だった。

　クジラ類の台頭の要因についてはのちの章に譲るとして、この対照的なパターンは、ペンギン様鳥類がクジラ類に"敗北した"可能性を示すと、安藤とフォーダイスは指摘している。ペンギン様鳥類とクジラ類の間にはおそらく、同じ獲物を狩るという、食べ物をめぐる競争があったとみられている。なお、クジラ類ではなく、体サイズが同じくらいのアシカやイルカに生息域を奪われたのではないか、という見方もある。

　かくして、北半球にいたプロトプテルム類は、新第三紀の中新世末には完全に絶滅したのである。

第1部　古第三紀

3 緑の川、白の川

魚類化石といえば、グリーンリバー

　新生代の良質な魚類化石産地として、世界的によく知られている場所がある。アメリカ中西部の「グリーンリバー層」だ。ワイオミング州、ユタ州、コロラド州を流れるグリーンリバー（川）の周辺に分布するこの地層からは、約5500万〜3300万年前（古第三紀の暁新世後期〜始新世後期）の淡水性の魚類化石が多産する。

　北アメリカの良質化石産地を紹介した『FOSSIL ECOSYSTEMS OF NORTH AMERICA』（著：ジョン・ナッズ、ポール・セルデン、2008年刊行）によれば、この地での化石の採掘記録は1860年代から始まったという。以来、膨大な量の標本が採掘され、今なお、その勢いは衰えない。同書によれば、1976〜1991年の25年間だけに注目しても、じつに100万個体以上の魚類化石が収集されたというからすさまじい。そして現在でも、アメリカの博物館や化石販売業者によって数千か所で発掘が行われているとのことだ。

▶1-3-1
ニシン類
ナイティア
Knightia
グリーンリバーを代表する魚化石。膨大な量の標本が発掘され、市場に流通している。一般的に「身近な化石」の一つといえるだろう。個体一つ一つが標本長約13cm。「ニイティア」とも。
（Photo：Green River Stone Company）

これほどまでに大規模な採掘と収集が行われているにもかかわらず、魚類化石は16科21属しか報告されていない。これもグリーンリバーの特徴だ。しかも、全魚類化石の約60%は、淡水性のニシンの仲間である。代表的な属は、**ナイティア**（*Knightia*）だ。 1-3-1

　ナイティアは、グリーンリバー層から化石が多く出ることで有名だ。筆者個人の感覚としても、「ナイティアといえば、グリーンリバー。グリーンリバーといえばナイティア」であり、一般に安価で入手できる魚類化石を探していれば、まずナイティアに出会うといっても過言ではない。一つの母岩に複数個体が入っている標本や、別種とともに入っている標本なども多く、とにかくよく出会う魚である。『FOSSIL ECOSYSTEMS OF NORTH AMERICA』によれば、1㎡の母岩に2000個体がひしめき合っている標本もあるという（グリーンリバー層が「化石の水族館」とよばれるゆえんである）。大きさは最大で全長25cmに達する一方で、10cm前後の個体も少なくない。サイズとしても、比較的お手軽な魚類化石である。

　ほかにも、背鰭と臀鰭の前に長いトゲが発達したスズキの仲間である**プリスカカラ**（*Priscacara*）なども多産する。 1-3-2 また、水底の砂に潜り込む生態から「サンドフィッシュ」ともよばれる**ノトゴネウス**（*Notogoneus*） 1-3-3 （ネズミギスの仲間）や、口先がへらのように長くのびた

クロッソフォリス（*Crossopholis*）1-3-4（ヘラチョウザメの仲間）なども少数ながら報告されている。とにかく、グリーンリバーの魚たちは、保存状態がきわめて良いものが多い。機会があれば、ルーペを使って微細構造まで観察することをおすすめしたい。

空飛ぶ哺乳類と、さまざまな動物たち

グリーンリバー層が露出する場所は、かつて淡水湖だったと考えられている。そのため、発見される化石の大半は魚類であるが、ほかの動物たちの化石も少数ながら産出する。

まず、注目したいのは、コウモリの仲間の**イカロニクテリス**（*Icaronycteris*）と**オニコニクテリス**（*Onychonycteris*）だ。両者とも頭胴長10cmほどで、ほぼ完璧な骨格が発見されている。

コウモリの仲間は、哺乳類において唯一、自力で羽ばたいて飛翔することができるグループで、「翼手類」とよばれる。ムササビ（*Petaurista leucogenys*：齧歯類）なども「飛ぶ」ことはできるが、これは高いところから低いところへの「滑空」だ。自力で羽ばたき、高度を上げられる哺乳類は翼手類だけである。

翼手類の現生種は約1000種であり、これは齧歯類（ネズミの仲間）に次いで多い。現生種は小型コウモリ類と大型コウモリ類に大別され、小型コウモリ類は南極大陸をのぞくすべての大陸に生息する。日本の都市部でも、頭胴長6cmほどのアブラコウモリ（*Pipistrellus abramus*）などを見ることができる。小型コウモリ類は超音波を発し、その反響を利用して周囲のようすを知る「エコロケーション」を行うことが知られている。

これほどまでに繁栄している動物ながらも、翼手類の初期進化のようすは謎に包まれている。飛行動物の常として、骨が軽くてもろくて壊れやすいために、化石が残りにくいのである。

イカロニクテリスもオニコニクテリスも、その意味でとても貴重な手がかりである。なにしろこの2種は、知

◀1-3-2
スズキ類
プリスカカラ
Priscacara

まるで先ほどまで食卓の皿の上にのっていたかのような、全身がよく残った標本である。群馬県立自然史博物館所蔵標本。標本長約28cm。
（Photo:安友康博/オフィス ジオパレオント）

◀1-3-3
ネズミギス類
ノトゴネウス
Notogoneus

鱗の1枚1枚まで確認できる標本。こうした保存の高さが、グリーンリバーの魚化石の特徴だ。群馬県立自然史博物館所蔵標本。標本長50cm。
（Photo:安友康博/オフィス ジオパレオント）

◀1-3-4
ヘラチョウザメ類
クロッソフォリス
Crossopholis

口先をはじめとする微細構造に注目されたい。群馬県立自然史博物館所蔵標本。標本長約99cm。
（Photo:安友康博/オフィス ジオパレオント）

▶ 1-3-5
翼手類
イカロニクテリス
Icaronycteris
"最古のコウモリ"の一つ。「最古」とはいっても、その姿は現生のコウモリとほぼ同じであり、すでに飛行動物として"完成"していたことがわかる。標本長約28cm。下は復元図。
（Photo：the Royal Ontario Museum）

　られている限り最も古い翼手類の化石なのだ。
　かねてより知られていたのは、イカロニクテリスである。1-3-5 国立科学博物館の冨田幸光が著した『新版絶滅哺乳類図鑑』（2010年刊行）によれば、その見た目は現生のコウモリにそっくりだという。ただしよく見ると尾が長く、現生のコウモリとちがって尾が皮膜の支えになっていないなどのちがいがあるとされる。耳の構造は、すでにエコロケーションに適応していたことを示しているという。

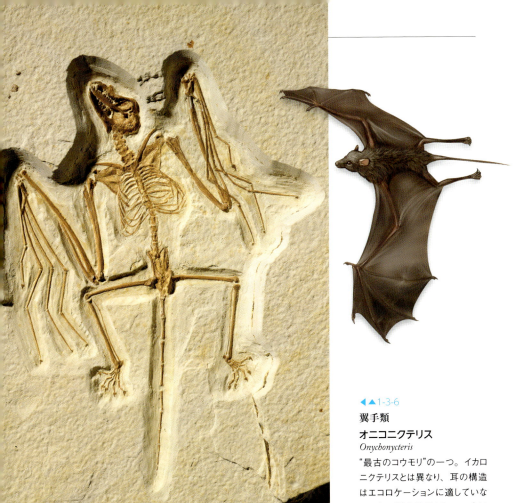

◀▲ 1-3-6

翼手類
オニコニクテリス
Onychonycteris

"最古のコウモリ"の一つ。イカロニクテリスとは異なり、耳の構造はエコロケーションに適していなかった。標本長約15cm。右は復元図。
(Photo：the Royal Ontario Museum)

　一方のオニコニクテリスは、2008年に命名された比較的"新しい種"である。1-3-6 イカロニクテリスとよく似た姿、つまり、現生の翼手類とほとんど変わらない姿をしている。ただし、オニコニクテリスの場合、耳の構造がエコロケーションに対応していないという点がポイントだ。このことから、コウモリは飛翔能力を獲得したのちにエコロケーションを獲得したことがわかると、論文を発表したアメリカ自然史博物館のナンシー・B・シモンズたちは指摘している。耳の進化よりも、まずは「飛

▶ 1-3-7
ヒラコテリウムの復元図

ぶこと」。それが、コウモリの初期進化における優先順位だったようだ。

ほかにグリーンリバー層から発見されている哺乳類の化石として、第零部第2章で紹介した「最古のウマ」であるヒラコテリウムが挙げられる。1-3-7 また、爬虫類ではワニやカメの仲間、鳥類ではペリカンの仲間、両生類ではカエルの仲間がそれぞれ見つかっている。魚類に比べると数は少ないが、いずれの化石も保存状態がとても良い。本書監修の群馬県立自然史博物館では、こうした"少数派"の一つ、**リムノフレガタ・ハセガワイ**（*Limnofregata hasegawai*）（和名：ハセガワグンカンドリ）の正基準標本（命名のもとになった唯一の標本）を展示している。1-3-8 ちなみに、現生のグンカンドリの仲間は、水鳥であるにもかかわらず、泳ぎが苦手だ。では、どうやって暮らしているのかというと、ほかの種類の水鳥が捕らえた獲物を横取りするのである。すでに魚を飲み込んでいる水鳥を襲い、吐き出させて奪うこともあるという。

▼ 1-3-8
グンカンドリ類
リムノフレガタ・ハセガワイ
Limnofregata hasegawai
「ハセガワグンカンドリ」の和名をもつ鳥類の頭骨化石。群馬県立自然史博物館所蔵の正基準標本。標本長約23cm。
（Photo:安友康博/オフィス ジオパレオント）

哺乳類化石のホワイトリバー

さすがに、アメリカは大きな国である。グリーンリバー層とほぼ時代が連続する形で、古第三紀の始新世後期から漸新世前期（約3700万～3000万年前）の良質な化石を産出する地層もある。「ホワイトリバー層群」とよばれるこの一連の地層は、ノース・ダコタ州、サウス・ダコタ州、ネブラスカ州、ワイオミング州に分布する。地理としては、グリーンリバー層が分布する各州よりも北東よりだ。

ホワイトリバー層群で注目すべきなのは、哺乳類化石である。世界中の良質な化石産地を収録している『EVOLUTION OF FOSSIL ECOSYSTEMS』の第2版（著：ポール・セルデン、ジョン・ナッズ、2012年刊行）では、「世界で最も豊富に漸新世の哺乳類化石を産する地層」として、ホワイトリバー層群が紹介されている。ここでは同書に掲載されている哺乳類のなかでも特徴的な種について、『新版 絶滅哺乳類図鑑』も参考にしつつ紹介していこう。

まず、何はなくても紹介しておきたいのは**アルカエオテリウム**（*Archaeotherium*）だ。1-3-9 頬の両側が板状に出っ張り、吻部が長いというじつに独特な風貌をもつ動物である。頭胴長1.5mで、四肢が長く、肩高は約1mになる。その姿は、現生動物でいえばイボイノシシ（*Phacochoerus aethiopicus*）に近い。より細かくイボイノシシと比較すると、頭胴長はほぼ同じながら、高さにおいてはアルカエオテリウムがイボイノシシを上回る。

イボイノシシに似ているのは当然で、アルカエオテリウムを含む「エンテロドン類」というグループは、現在のイノシシ類と同じ猪豚類というグループに属している（なお、エンテロドン類そのものは絶滅グループである）。『新版 絶滅哺乳類図鑑』では、アルカエオテリウムの両頬の"板状突起"は、「筋肉の付着部でないとすれば、装飾目的であったのではないか」と指摘している。また、その食性は「腐肉を含め、何でも食べた」といわれており、『EVOLUTION OF FOSSIL ECOSYS-

▲1-3-9
エンテロドン類
アルカエオテリウム
Archaeotherium
頭胴長約1.5mの四肢の長い猪豚類。「巨大な殺し屋豚」や「地獄から来た豚」とよばれる。上段は頭骨、下段は復元図。
(Photo：st1gallery.nl)

▲1-3-10
サイ類
ヒラコドン
Hyracodon
頭胴長約1.5mのサイ類。軽快な体のつくりから、「走るサイ」とも。上段は頭骨、下段は復元図。詳細は次ページの本文にて。
(Photo: Geological Enterprises/amanaimages)

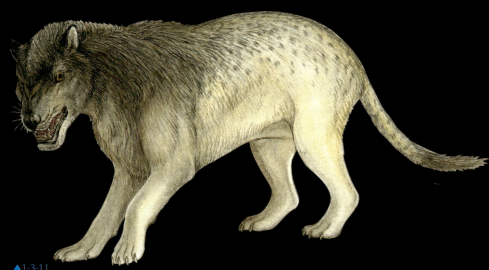

▲ 1-3-11
肉歯類
ヒアエノドン
Hyaenodon
絶滅した肉食哺乳類グループの「肉歯類」に属する。頭胴長約1m。上段は頭骨（群馬県立自然史博物館所蔵）、下段は復元図。
(Photo：安友康博/オフィス ジオパレオント)

TEMS』では「giant killer pigs」（巨大な殺し屋豚）として紹介されている（ニュアンスは伝わるだろう）。

次に、**ヒラコドン**（*Hyracodon*）を紹介しよう。1-3-10 ヒラコドンの頭胴長は、アルカエオテリウムとほぼ同じサイズの1.5m、体高はアルカエオテリウムほどは高くなく70〜80cmといったところである。ヒラコドンは、「ヒラコドン類」（絶滅グループ）のなかの1種で、ヒラコドン類そのものは、サイ類に属する。「サイ類」とはいっても、ヒラコドンの姿は現生のサイとは似ても似つかない。化石として残らないツノ（サイのツノは骨ではなく毛のようなものである）はともかくとして、全体的に体のつくりが華奢なのだ。「ウマ？」という印象が先行しそうな外見である。『新版 絶滅哺乳類図鑑』では「軽快な体のつくり」と紹介され、『EVOLUTION OF FOSSIL ECOSYSTEMS』では「running rhino」（走るサイ）と表現される。

もう1種、紹介しておこう。**ヒアエノドン**（*Hyaenodon*）だ。1-3-11 『EVOLUTION OF FOSSIL ECOSYSTEMS』で、ホワイトリバーで生態系の頂点に君臨していたとされる肉食獣である。頭胴長こそ1mと、アルカエオテリウムやヒラコドンにはおよばないものの、走行性に長けた四肢をもち、獲物の肉を切り裂くことに適した臼歯をもっていた。ヒアエノドンとその仲間（ヒアエノドン類）は、「肉歯類」とよばれる絶滅グループに属する。肉歯類については、のちの章でもう少し詳しく紹介することになるだろう。

もちろん、ホワイトリバー層群産の古生物化石は、これだけではない。たとえば、第零部第1章で紹介した"ネコ類ではないサーベルタイガー"のホプロフォネウス1-3-12 やディニクチス1-3-13、最古級のイヌ類であるヘスペロキオン1-3-14、第零部第2章で紹介した「3本指のウマ類」であるメソヒップス1-3-15 など、哺乳類の系譜をたどるうえで重要な化石がこの地から産出している。

▼1-3-12
ホプロフォネウスの復元図

▼1-3-13
ディニクチスの復元図

▼1-3-14
ヘスペロキオンの復元図

▼1-3-15
メソヒップスの復元図

第1部　古第三紀

4 またもやドイツに"窓"は開く

廃棄物処理場？

　ドイツには、世界的に名を知られる良質な化石産地がいくつも存在する。本シリーズでは、これまでに3か所を紹介してきた。デボン紀の魚類化石を産する「フンスリュック」（『デボン紀の生物』第1章参照）、ジュラ紀の魚竜化石を産する「ホルツマーデン」（『ジュラ紀の生物』第1章参照）、始祖鳥化石の産地「ゾルンホーフェン」（同第7章参照）。そのいずれもが、惚れ惚れしてしまうほどに美しい化石を産出することで有名だ。そして、この国には古第三紀の化石産地もある。もちろん、ほかの例にもれず良質な化石が産出する。羨ましいかぎりである。

　日本から直行の航空便もあるドイツ西部の最大都市、フランクフルト・アム・マイン。その中心部から南南東へ約23kmの距離に、「グルーベ・メッセル」はある。「メッセル・ピット」の名でも知られているこの場所が、ドイツにおける古第三紀という時代の"窓"である。ここでは、世界の良質化石産地を紹介している『世界の化石遺産』（著：ポール・セルデン、ジョン・ナッズ、原著は2004年刊行、邦訳版は2009年刊行）と、イギリスの生物学者にしてサイエンスライターのコリン・タッジが著した『ザ・リンク』（原著、邦訳ともに2009年刊行）を参考の主軸にしながら、まずはその歴史と特異性を紹介したい。

　「グルーベ・メッセル」の「グルーベ」は、「Grube」と書く。ドイツ語で「孔」という意味で、「メッセル・ピット」の「ピット（pit：英語）」と同義だ。この名が示唆するように、もともとこの地はオイルシェールを採掘する露天掘りの鉱山だった。オイルシェールは、適切な処理を行えば、タール、パラフィン、ガソリン、原油

などのさまざまな資源を生み出すことができる岩石である。ドイツの工業化が加速していた19世紀後半、ある鉱山会社がこの地で操業を始め、採掘を行った。そんな折りの1875年、この地から最初の化石が報告される。

　グルーベ・メッセルのオイルシェールが堆積したのは、古第三紀の始新世なかば（約4800万〜4700万年前）のことだ。当時、この地には亜熱帯の森林が広がり、大きな湖があった。この湖の底だった場所から、グルーベ・メッセルの化石は発見されるのである。さまざまな動植物の化石が産出し、とくに、胃の内容物まで確認できるほど保存状態の良い哺乳類化石が発見されることで知られている。

　良質な化石を産出するものの、この地の化石研究はなかなか進まなかった。それは、この地層の"特異性"のせいだ。グルーベ・メッセルのオイルシェールには、約40％も水分が含まれている。そのため、採掘され、乾燥すると、内部の化石ごと母岩が粉々に砕けてしまうのだ。したがって、長い間、研究はもとより化石を保管することさえ困難だった。

　それでも最初の発見から90年近い歳月がたった1960年代、オイルシェールを樹脂に置き換えるという手法が確立された。その手順は次のとおりだ。

　掘り出した化石を、まずプラスチックで母岩ごと固定する。

　次に、顕微鏡下で針を用いて母岩を取りのぞく。

　最後に樹脂を流し込んで、化石を再固定する。

　今日知られているグルーベ・メッセル産の化石は、そのほとんどが樹脂で固定された状態で保管・展示・研究されている。

　ところが、1971年のことである。オイルシェールの商業的な採掘が終了すると同時に、州政府がある計画を発表した。オイルシェールの採掘によってできた大きな穴を、産業廃棄物の集積場にしようというものである。

　当然のことながら、この計画には世界中の古生物学者が反対し、20年近く論争が続けられることになった。その間、ドイツ国内の多くの古生物学教室がグルーベ・

▲1-4-1
ガー類
アトラクトステウス
Atractosteus

現生の「ガー」の仲間。特徴的な長い吻部を確認できる。しかし、それよりも目をひくのは"完璧な"鱗の並びだろう。グリーンリバーの標本とは異なる趣きではあるが、この保存の良さこそがメッセルの化石の醍醐味である。標本長約30cm。
(Photo：Richie Kurkewicz, Pangaea Fossils)

メッセルの緊急発掘を進め、これによって多くの良質な標本が世に知られていった。

そして1991年、グルーベ・メッセルをめぐる争いにようやく終止符が打たれた。この地の科学的重要性が評価され、州政府が産廃集積場の計画を撤回したのである。1995年には、ユネスコの世界自然遺産にも認定された。かくして、この素晴らしい化石産地は一時の危機を免れ、現代に至る。

細部まで残された化石

グルーベ・メッセルの標本に関して、日本語で読むことができる資料としては前述の『世界の化石遺産』が詳しく、洋書では『MESSEL』が参考になる。『MESSEL』は、ドイツ、ゼンケンベルク研究所メッセルセクションのステファン・スカールと、ウィリィ・ジエグラーが編集した1冊で、英語版とドイツ語版がある。このうち、英語版は1992年に刊行された。ここでは、この2冊を参考資料の主軸とし、哺乳類に関しては国立科学博物館の冨田幸光が著した『新版 絶滅哺乳類図鑑』(2011年刊行)の情報も加えながら、グルーベ・メッセルの特徴的な動物たちをグループごとに紹介していこう。

グルーベ・メッセルはもともと湖だったため、魚類化石の産出が多い。代表的なのは、**アトラクトステウス・ストラウシ**(*Atractosteus strausi*)。1-4-1 ガーの仲間である

▲1-4-2
アミア類
キクルス
Cyclurus
全身がよく残った標本で、歯の並びや、頭部をつくる骨の並びまでよくわかる。標本長約33cm。「キクルルス」とも。
(Photo：PaleoDirect.com)

……といっても、ガー自体が日本ではあまりなじみのない魚かもしれない。現在の地球では、中央アメリカと北アメリカ、そしてキューバの汽水・淡水に生息する。現生種は6種。かたい鱗をもち、吻部が長く、体も長い魚で、代表的な種として全長90cmのスポテッド・ガー（*Lepisosteus oculatus*）を挙げることができる。アトラクトステウスは、スポテッド・ガーとよく似た風貌をもち、グルーベ・メッセル特有の良質な保存状態もあって、一目で「あ、ガーだ」とわかる。ただし、アトラクトステウスはスポテッド・ガーほどの大きさはなく、確認されている標本の多くは全長20〜30cmほどである。

魚類についてはもう1種、**キクルス・ケレリ**（*Cyclurus kehreri*）を紹介しておこう。1-4-2 こちらは、アミアの仲間である。現生種は北アメリカの淡水に生息するアミア・カルヴァ（*Amia calva*）だけだ。アミアもキクルスも広い背びれが特徴的で、大きさもほぼ同じサイズである（ただし、最小で5cm、最大で70cmと、サイズの「幅」はアトラクトステウスよりもやや小さい方に寄っている）。

両生類は数こそ少ないものの、サンショウウオとカエルの標本が発見されている。とくにカエルは、一目見て「あ、カエルだ」とわかるものであり、皮膚や筋肉が保存されているものもある。代表的なものは、**エオペロバテス・ワグネリ**（*Eopelobates wagneri*）。1-4-3 現生のニンニクガエル（*Pelobates fuscus*）の仲間に分類される。ニンニクガエルは、現在のヨーロッパ中東部に生息し、ときに深さ1mもの穴を掘って暮らす掘穴性（地下性）の

▶ 1-4-3
スキアシガエル類
エオペロバテス
Eopelobates

全長約6cm。現生のニンニクガエルに近縁とされるが、一回り小さい。カエル類特有の肋骨のない背骨や、長い後ろ脚などが確認できる。

(Photo：Senckenberg, Messel Research Department, Frankfurt a. M. (Germany))

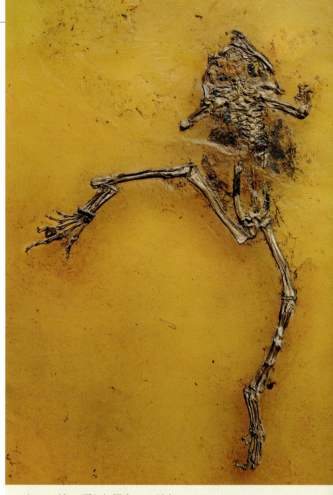

カエルだ。頭から尻までの長さ（つまり、脚をのぞいたサイズ）は7.6cmほどである。エオペロバテスは6cmほどで、少し小さい。

　エオペロバテスもまた、ニンニクガエルと同じく、一生のほとんどを地上の地下（……妙な表現だが、つまり湖底ではなく、という意味である）で過ごしたとみられている。そんなカエルの化石が、湖だったグルーベ・メッセルから発見されるということは、たまたま産卵のために水中に入ったときに、運悪く死を迎えたということなのかもしれない。なんとも悲しい話である。

　爬虫類の化石は、ワニやカメのものなどが発見されている。ただし、ここで紹介しておきたいのは、ヘビ

▲1-4-4
ボア類
パラエオピトン
Palaeopython

現生のアミメニシキヘビに近縁。一目で「ヘビ」とわかる標本である。多数の肋骨の1本1本までもがきれいに保存されている。この標本は、頭部のみ補修されている。頭部をのぞくオリジナル部分の長さは約2m。
(Photo：Senckenberg, Messel Research Department, Frankfurt a. M. (Germany))

類の化石だ。**パラエオピトン**（*Palaeopython*）である。現生種でいうところのアミメニシキヘビ（*Python reticulatus*）の仲間であり、毒をもたず、獲物を絞めて殺すタイプである。グルーベ・メッセルのパラエオピトンの化石のなかには、くねる全身が見事に保存されている標本がある。1-4-4

　鳥類、哺乳類の化石の産出も多いが、鳥類に関しては次項で取り上げる。哺乳類についても、次々項で取り上げる標本はあるが、ここでは先に4属を紹介しておこう。**レプティクティディウム**（*Leptictidium*）、**アルカエオニクテリス**（*Archaeonycteris*）、**プロパラエオテリウム**（*Propalaeotherium*）、そして**エウロヒップス**（*Eurohippus*）だ。

▲▶ 1-4-5
レプティクティス類
レプティクティディウム
Leptictidium
頭胴長と同等かそれ以上の長い尾をもつ哺乳類。特徴的な長い後ろ脚で、「大股の駆け足」をしていたとされる。標本長約75cm。下段は復元図。
(Photo: Senckenberg, Messel Research Department, Frankfurt a. M. (Germany))

まず、レプティクティディウムは、現在の地球にはいない「レプティクティス類」というグループに分類される哺乳類で、頭胴長は25〜40cm。1-4-5 そして、頭胴長の長さと同じかそれ以上という長い尾をもつ。前脚が短い一方で、後ろ脚が長く、関節の連結が弱いという独特の構造の体をしている。そのため、ジャンプなどは不得手で、「大股の駆け足」というなんとも奇妙な走り方をしていたとみられている。

次に、アルカエオニクテリスは、コウモリ類に属する哺乳類だ。1-4-6 グルーベ・メッセルからは、アルカエオニクテリスを含む計6種のコウモリ類の化石が発見されている。翼の形状のちがいから、この6種はそれぞれ別の高さを生活圏にしていたことが示唆されている。また、これらすべての種が、超音波を使ったエコロケーションを用いていたようだ。

◀ 1-4-6
翼手類
アルカエオニクテリス
Archaeonycteris
初期のコウモリ類の一種。前腕の長さが約5cmの標本である。メッセルからは多くのコウモリ類の化石が確認されている。
（Photo：Senckenberg, Messel Research Department, Frankfurt a. M. (Germany)）

　プロパラエオテリウムはウマ類である。 1-4-7 グルーベ・メッセルからは、成長段階の異なる多数の化石が発見されている。大小2種が報告されており、小さい方は肩高30〜35cm、大きい方は55〜60cmとされる。筆者の家でともに暮らしているシェットランド・シープドッグ（生後4か月）が肩高30cm、ラブラドール・レトリバー（5歳）が肩高50cmだから、2種のウマはそれぞれわが家のイヌたちとほぼ同じくらいだ。いずれにしろ、ウマ類としてはかなり小さいといえる。前足の指は4本、後ろ足の指は3本であり、これは現生種の最古の祖先であるヒラコテリウム（▶P.43）と同じ特徴である。しかし、プロパラエオテリウムは、第零部第2章で紹介したウマ類の系譜とは異なるグループに属し、その子孫は現生種までつながらない。

　エウロヒップスは、プロパラエオテリウムとよく似た

▲▶ 1-4-7

ウマ類
プロパラエオテリウム
Propalaeotherium

前足に4本、後ろ足に3本の指をもつ初期のウマ。標本長約1m。プロパラエオテリウムの化石は、メッセルでこれまでに70個体以上発見されている。下段は復元図。

(Photo：Senckenberg, Messel Research Department, Frankfurt a. M. (Germany))

ウマ類で、実際、同種と考えられていたこともある。2015年、ゼンケンベルク研究所フランクフルトのジェンス・ローレンス・フランツェンたちは、すでに知られていたエウロヒップスの標本の一つについて、ある発見をした。電子顕微鏡やレントゲンを用いて標本を観察したところ、腰の位置に、小さな骨があったことがわかったのだ。それは、すさまじいまでに良く保存された胎児の化石だった。1-4-8

◀ 1-4-8

ウマ類

エウロヒップス
Eurohippus

プロパラエオテリウムと同じく前足に4本、後ろ足に3本の指をもつ初期のウマ。この標本は肩高30cmほど。上段の全身画像の白丸で囲んだ部分に胎児が確認された。下段、上の画像は、上段の白丸部分をレントゲン撮影したものであり、そこで確認された骨をもとに胎児の姿勢を点線で示したものが下段、下の画像。スケールバーはそれぞれ10cmに相当する。

(Photo: Franzen et al. 2015)

フランツェンたちは、この胎児はウマ類のみならず、有胎盤類においても「最古の胎児」であると同時に、「最も良く保存された胎児の化石」であるとしている。胎児の骨格が精査された結果、この母体が妊娠後期にあったことも判明した。さらには、胎盤の組織まで保存されていることも明らかになっている。さすがは、グルーベ・メッセルの標本である。

鳥媒、始まる

　グルーベ・メッセルからは、さまざまな鳥類の化石が産出する。そのなかから、本書では2014年にゼンケンベルク研究所のゲラルド・マイヤーとヴォルカー・ワイルドが報告した**プミリオルニス・テッセラトゥス**(*Pumiliornis tessellatus*)に注目したい。

　プミリオルニスは標本長8cmほどの鳥で、細く長いクチバシをもつその姿は、現生のハチドリ類とよく似ている。分類上の位置づけには議論があり、カッコウ類とオウム類のどちらに属するかで意見が分かれている。

　さて、この鳥類の標本には、ほかのグルーベ・メッセルの鳥類標本にはない特徴がある。体内に多量の花粉の粒子が残っていたのだ。 1-4-9

　「SMF-ME 11414a」という番号のついているこの標本には、ほかの胃の内容物もわずかながら残っていた。それは、どうやら昆虫の破片らしい。マイヤーとワイルドは、昆虫片の数が、花粉の数と比較してきわめて少量であることから、昆虫と花粉は別々に体内に取り込まれたとしている。すなわち、花粉を取り込んだ昆虫をプミリオルニスが食べたというわけではなく（もしそうならば、昆虫の体内におさまる程度の量の花粉しかないはずである）、昆虫は昆虫で食べ、花粉は花粉で食べたのである。ちなみに、この研究では、花粉が具体的に何の植物のものだったかまでは同定されていない。しかし、マメ科やシソ科、イワタバコ科の花粉と形が似ていることが指摘されている。

　プミリオルニスは、現生ハチドリ類に似た姿をしてい

▲1-4-9
鳥類
プミリオルニス
Pumiliornis
カッコウ類、もしくはオウム類に属するとされる。姿はハチドリ類とよく似ている。左の画像の白い四角の部分を拡大したものが右の画像。白い丸の中を見ると、細かな粒子（花粉）が大量にあることを確認できる。
（Photo：Gerald Mayr, Senckenberg）

　るので、生態も似ていたのではないか、とマイヤーとワイルドは指摘する。すなわち、翼を高速に羽ばたかせ、樹木の間でホバリングし、花の蜜を吸っていたのではないか、という。

　プミリオルニスがホバリングできたかどうかという議論はさておき、その長いクチバシは、花弁の中に突っ込みやすかったにちがいない。蜜を吸えば、必然的に花粉もいっしょに取り込むことになる。このとき、クチバシにはそれなりの量の花粉が付着したことだろう。そのまま別の花弁にクチバシを突っ込めば、花から花への"花粉の受け渡し"が成立し、受粉が成功する。このような鳥による花粉の受け渡しを「鳥媒」という（念のために書いておくと、鳥自身には花粉を運んでいる"つもり"はない。あくまでも結果として運んでいるだけ……のはずである。鳥にインタビューしたことはないから、「100％ない」とはいえないけれども。ちなみに、チョウなどの虫が花粉の受け渡しをする場合は「虫媒」だ）。つまり、標本番号「SMF-ME 11414a」のプミリオルニスは、知られている限り最も古い鳥媒の記録なのだ。鳥類と被子植物の"蜜月"は、遅くとも4700万年前には始まっていたことになる。

ヒトの祖先といわれた「イーダ」

　ここまで、グルーベ・メッセルから化石が産出するさまざまな生物を紹介してきた。しかし、本書執筆時点において、この地の化石として最も知名度の高い標本をまだ紹介していない。それは、ノルウェーのオスロ自然史博物館が所蔵している、「PMO214.214」の標本番号が与えられた霊長類**ダーウィニウス・マシラエ**（*Darwinius masillae*）1-4-10 である。「イーダ（Ida）」の愛称で知られる標本だ。縦67cm、横41cmの樹脂プレートに保存されたその化石は、全長58cm。そのうち、34cmを長い尾が占めている。「パーフェクト」という言葉がふさわしい標本で、頭の先から尾の先まで全身が見事に保存されている。ちなみに学名の「*Darwinius*」は、かのチャールズ・ダーウィンにちなみ、愛称の「イーダ」は、この標本を報告した論文著者の一人、ヨルン・フールムの娘の名前にちなむ。ここから先は、「PMO214.214」のことを「イーダ」の愛称でよびながら文を綴ることにしよう。

　イーダに関しては、前述の『ザ・リンク』がとにかく詳しい……というよりも、この本はイーダについて執筆された本である。ここではまず、同書からイーダの特徴をまとめておこう。

　フールムは、イーダを見て「ひと目で霊長類とわかった」という。なぜなら、どの指にも平爪があり、親指だけほかの指と向きがちがっていたからだ。これは霊長類の大きな特徴であるという。X線観察で陰茎骨が確認できなかったことから、雌である可能性が高いとみなされた（そのために、女性名が愛称となったわけである）。手足の指は長く、親指はほかの骨と向かい合っているため、樹上で枝をしっかりとつかむことが可能だった。脚が腕よりも長いので、基本的な行動様式は、後ろ脚で幹を蹴って跳躍し、別の木に飛び移るというものだったと考えられている。歯の形が示す食性は果実食で、実際、胃の内容物によってもそれが証明されている。また、第1、第2臼歯は完成していたものの、乳歯が

◀1-4-10
霊長類
ダーウィニウス
Darwinius
「イーダ」の愛称をもつ標本。全長約58cm。胃の内容物まで確認できるほど細部まで残った、きわめて高品質な標本である。現在のところ、曲鼻猿類に属するという見方が優勢。次ページに復元図。
(Photo：Jørn Hurum/NHM/UiO)

イーダ（ダーウィニウス）の復元図

数本残っていた。すなわち、"彼女"はまだ成獣になりきれていなかったと解釈された。こうしたさまざまな情報は、イーダが「パーフェクトな保存状態」だからこそ得ることができたものだ。

イーダの年齢に関しては、カナダ、トロント大学のセルギ・ロペス-トレスたちによって、当初の想定よりも"ちょっとだけ大人"だったのではないか、と2015年に指摘されている。当初、「成獣になりきれていない段階」として推測されたイーダの年齢は、生後9〜10か月だった。これに対して、ロペス-トレスたちの研究では、1.05〜1.14歳という数字が新たに提案された。この3〜4か月の修正は、年齢算出の参考に使われた現生種のちがいによるものである。

「『3〜4か月』程度は、誤差ではないの？」と思うことなかれ。ロペス-トレスは、トロント大学のプレスリリースで、現生のキツネザルの仲間は1歳で性成熟するものがいる点を指摘した。つまり、1歳になっているか否かが、イーダの生態を考えるうえで重要な点というわけである。

イーダは「きわめて優れた霊長類標本」であると同時に、「人類の祖先のミッシングリンクを埋める存在」ではないかとして、大きく注目された経緯がある。この標本がドイツ、ゼンケンベルク研究所のイェンス・L・フランツェンを主著者として論文で発表された2009年、テレビをはじめとするメディア戦略が間を置かずに展開された。『ザ・リンク』もそうした戦略の一環であり、原著には「Uncovering Our Earliest Ancestor」（私たちの最初期の祖先をあばく）という副題がつけられ、邦訳版の『ザ・リンク』にも「ヒトとサルをつなぐ最古の生物の発見」という、よりセンセーショナルな副題がつけられた。原著は論文発表とほぼ同時に、邦訳版は4か月後に刊行されている。

この論文では、イーダこと、ダーウィニウス（ここは分類の話なので、愛称ではなく、属名を使うとしよう）は霊長類のなかの「直鼻猿類」に分類された（より正確にいうと、ダーウィニウスを含む「アダピス類」というグループが、ダーウィニウスの研究によって直鼻猿類に分類された）。直鼻猿

類は人類(ヒト科)を含むグループであり、それゆえにフランツェンたちは、ダーウィニウスこそが人類のはるか祖先に当たる種であると考えたわけである。

　大々的にデビューしたダーウィニウスだったが、「人類の祖先」という位置づけは早々に否定されることになる。このあたりの事情については、アメリカのサイエンスライター、ブライアン・スウィーテクが著した『移行化石の発見』(原著は2010年、邦訳版は2011年刊行)が詳しい。同書と関連論文を参考にしながら、ダーウィニウスの"その後"をまとめておこう。

　ダーウィニウスの論文が発表された2009年のうちに、アメリカ、ニューヨーク州立大学ストーニーブルック校のエリック・R・シーファートたちが、エジプトの古第三紀の始新世後期の地層から、新たな霊長類アフラダピス・ロンギクリスタトゥス(*Afradapis longicristatus*)を報告した。アフラダピスは下顎だけの化石であるものの、そこにはダーウィニウスと共通する特徴があるため、きわめて近縁なアダピス類であることが指摘された。そして、ダーウィニウスやアフラダピスなどのアダピス類は、直鼻猿類ではなく、「曲鼻猿類」に分類されたのである。曲鼻猿類はキツネザルの仲間などのグループで、人類にはつながらない。

　かくして、ダーウィニウスは人類への系譜から外された。本書執筆時点では、この考えが学界の主流である。なお、前述のロペス-トレスたちの論文で、年齢を微修正する際にキツネザルの仲間に言及しているのは、こうした流れを受けてのものだ。

　ただし、"チーム・イーダ"はまだ白旗を上げていない。2015年に日本の国立科学博物館で開催された「生命大躍進展」(はじめてイーダが日本で展示された特別展で、その後、国内各地を巡回した)の図録に、フールムの寄稿がある。そこで彼は、「イーダは曲鼻猿類である」というのが学会の主流の見方であると認めたうえで、それでも「イーダには曲鼻猿類には見られない特徴が7つある」としている。

　議論はまだ続きそうだ。

5 | バルトの琥珀

樹脂に閉じ込められた世界

　脊椎動物の話の幕間として、琥珀の中に閉じ込められた小さな世界を紹介しよう。

　古生物の世界で「琥珀」といえば、「虫入り琥珀」である。映画『ジュラシック・パーク』シリーズを思い浮かべる方も多いだろう。同作品は、琥珀の中に閉じ込められた恐竜時代の蚊の発見から物語がスタートする。その蚊が吸った恐竜の血液からDNAを解析し、クローン技術によって現代に恐竜を蘇らせる、という設定である。1993年に公開された記念すべき第1作では、冒頭でドミニカ共和国の琥珀鉱で虫入り琥珀を探すシーンが描かれているし、2015年に公開された第4作の『ジュラシック・ワールド』では、遺伝子の研究所の棚に大量の琥珀が並んでいた。

　もっとも、東京大学の更科功は、2012年に著した『化石の分子生物学』で、琥珀の中の昆虫は「いきいきとして見えるのは外側だけで、内部のやわらかい部分はミイラのように干からびている」と指摘している。いかに遺伝子の研究が進展しようと、琥珀の中の虫から恐竜のDNAを取り出すことは難しそうだ。

　そもそも「琥珀」とは、木の樹脂の化石である。英語では「Amber」とよび、化石でありながら宝石としても扱われる。色は透き通った黄金色から金橙色のものがほとんどだが、緑色、赤色、紫色、黒色をしたものもある。鉱物として見たときの硬度は、石膏よりはかたく、方解石よりもやわらかい。

　商業的な需要もあることから、大規模な採集・採掘が行われており、広く流通している。英国宝石協会のキャリー・ホールが著した『宝石の写真図鑑』では、「最も有名な琥珀の産地」としてバルト海沿岸を挙げてい

▲1-5-1
掘り出されたばかりの琥珀
「ブルーアース」から掘り出されたばかりの"原石"。重量1050g。
(Photo：WEITSCHAT & WICHARD 2013)

る。バルト海は、北欧の"奥まった海"だ。スカンジナビア半島とヨーロッパ大陸に囲まれ、西は北海へと通じている。ポール・セルデンとジョン・ナッズが著した『世界の化石遺産』（原著は2004年刊行、邦訳版は2009年刊行）によれば、この地域では13世紀にはすでに琥珀貿易の独占を狙う者たちの抗争が繰り広げられ、19世紀なかばには企業による採掘も行われていたという。

ブルー・アース

バルト海の琥珀産地として知られるのは東側の海岸だ。バルト海産琥珀についてまとめられた『Atlas of Plants and Animals in Baltic Amber』（著：ヴォルフガング・ヴァイチャット、ヴィルフリード・ヴイシャード、2002年刊行）によれば、東側の海岸に分布する「ブルー・アース」に最も多くの琥珀が含まれているという。 1-5-1

「ブルー・アース」とは、（映画のタイトルにでもなりそうな洒落た名称だが）つまるところ海緑石という鉱物を含む粘土層のことである。バルト海沿岸には、海水面下にブルー・アースの地層が分布しており、この地層が波浪で洗われることで、琥珀が海中に"投げ出さ"れる。琥珀は軽いため、そのまま波に流されて海岸へと打ち上げられる。こうしてバルト海と北海の沿岸に、多くの

琥珀が漂着する。ときには遠く北海にまで運ばれることもあるという。ブルー・アースが堆積した時代は、古第三紀の始新世（資料によっては漸新世前期）とされており、琥珀もほぼ同時期に作られたものとされる。

『Atlas of Plants and Animals in Baltic Amber』によれば、琥珀を作った森林（Baltic Amber Forest：バルトの琥珀林）は、当時の東ヨーロッパに広がっていた。西はベルリン、東はウラル山脈にまで達していたとされる。なお、古第三紀の始新世にはバルト海はまだ存在せず、ベルリン付近は当時の海岸線に近い。また、『世界の化石遺産』では、琥珀の供給源として、とくにスウェーデン東部、フィンランド西部、すなわち現在のボスニア湾周辺を挙げている。

琥珀林の生き物たち

いずれにせよ、古第三紀のあるとき、大森林で暮らしていた昆虫たちが、琥珀というカプセルに閉じ込められたのである。本章では、そうした「虫入り琥珀」を中心に、いくつかの標本を紹介していくとしよう。

まずは、『Atlas of Plants and Animals in Baltic Amber』のなかから、「これは！」という虫入り琥珀を紹介しよう。なお、ここで興味をもたれた方は、ぜひ、同書を直接ご覧いただきたい。

最初に紹介しておきたいのは、クモの仲間だ。「アゴダチグモ類」の一種、**アルカエア**（*Archaea*）が報告されている。1-5-2 アゴダチグモ類は、長い鋏角を特徴とする。また、ほかのクモの仲間とは異なり、まるで脊椎動物のような首の構造をもつ。熱帯アフリカやオーストラリアに生息している現生種は「アサシン・スパイダー」の異名をもち、「クモを狩る」という独特の生態をもつ。そして、アゴダチグモ類は、バルト海の琥珀から最初の標本が発見されたのが、現生種の発見より先という一風変わった研究史をもつ。

バルト海の琥珀には、多種多様な昆虫が含まれている。現生昆虫で最も成功を収めている甲虫類では、ゲ

▲1-5-2
アゴダチグモ類　アルカエア *Archaea*
長い鋏角と、まるでヘルメットのような形の頭部が確認できる。
(Photo：WEITSCHAT & WICHARD 2013)

▼1-5-3
ゾウムシ類の一種
長い吻部、複眼、背の模様まで確認できる。
(Photo：WEITSCHAT & WICHARD 2013)

▲1-5-4
アシコブトバチ類
パレオフィジテス *Palaeofigites*
触角、複眼、脚の関節などがよく見える。
(Photo：WEITSCHAT & WICHARD 2013)

▼1-5-5
ヤマアリ類の一種
足の先端の一部を欠くものの、全身がよく保存されている。(Photo：WEITSCHAT & WICHARD 2013)

▲1-5-6
ウデカニムシ類
ケイリディウム・ハルトマンニ *Cheiridium hartmanni*
カニムシ類特有の"腕"や、ワラジのような腹部がしっかりと確認できる。
(Photo：WEITSCHAT & WICHARD 2013)

ンゴロウ類やミズスマシ類、タマムシ類、カミキリムシ類、テントウムシ類などの標本が報告されている。131ページには、甲虫類のなかでも最大の多様性を誇るグループであるゾウムシ類の美しい標本を掲載した。[1-5-3] 樹脂の黄金色の中に、現生種となんら変わらない長い吻部を確認できる。ほかにも、ハチ類[1-5-4]やアリ類[1-5-5]カニムシ類[1-5-6]など、美しい標本は挙げていけばきりがない。そこには、私たちのよく知る昆虫たちの姿がそっくりそのまま封じ込められている。また、珍しいものとしては、カタツムリやカナヘビ類(「ヘビ」というがトカゲの仲間である)が琥珀に保存されている例もある。[1-5-7]

◀▲1-5-7

カナヘビ類
スッキニラケルタ・スッキネア
Succinilacerta succinea

後ろ足と尾が確認できる標本（上）と、後ろ足の確認できる標本（下）。この種は、しばしば琥珀内に閉じ込められたものが発見されている。
(Photo: WEITSCHAT & WICHARD 2013)

▶1-5-8

いわゆる「松ぼっくり」
(Photo: WEITSCHAT & WICHARD 2013)

◀1-5-9
バラの花
花の径が約5mm。
(Photo: Wolfgang We

　動物ばかりが保存されているわけではない。いわゆる松ぼっくり（球果）1-5-8 も確認されているし、前述の『世界の化石遺産』には、ドイツ、ハンブルク大学地質学古生物博物館が所蔵するバラの花入り琥珀が紹介されている。1-5-9 同書によれば、琥珀中に確認できる植物は花や種子などが多く、そのほとんどは現生属であるという。それらは、温帯性、地中海性、亜熱帯性、熱帯性と、さまざまな地域のさまざまな植物であり、バルトの琥珀林がいかに広い地域に繁茂していたのかがよ

第1部　古第三紀

6 哺乳類！哺乳類！哺乳類！！

哺乳類、"大攻勢"に出る！

　少し時間を戻そう。古第三紀暁新世が幕を明けたとき、白亜紀末の大量絶滅事件を乗り越えた哺乳類は一気に多様化を始めた。それまで陸上のさまざまな場所・地位を占めていた恐竜類が消えたこのときを、哺乳類は見逃さなかったのだ。この"大攻勢"のことを、哺乳類の「第一次適応放散」とよぶ。本章では、古第三紀の陸上哺乳類の歴史について、ここまで紹介してこなかった物語を概観していこう。

　大量絶滅事件を乗り越えた哺乳類グループは、大きく分けて三つある。カモノハシ類に代表される「単孔類」と、カンガルー類などに代表される「有袋類」、そして、私たち人類を含む大多数の哺乳類が属する「有胎盤類（真獣類）」だ。

　第一次適応放散の主役となったのは有胎盤類だった。このときに出現した有胎盤類のなかには、植物食性では**ウィンタテリウム**（Uintatherium）[1-6-1] などの恐角類のほか、火獣類、輝獣類、紐歯類、肉食性では肉歯類などがいた。名前を見ただけでもワクワクするグループばかりだが、残念ながら彼らは現在まで子孫を残すことなく絶滅してしまう。

　まず、そうした"滅びてしまった有胎盤類"のなかから肉食性に注目して、2グループの代表的な種を紹介しよう。なお、本章では、これまでと同じように国立科学博物館の冨田幸光が著した『新版 絶滅哺乳類図鑑』（2010年刊行）を主な資料とし、イギリス、ブリストル大学のマイケル・J・ベントンの『VERTEBRATE PALAEONTOLOGY』第4版（2015年刊行）、アメリカ、ジョンズ・ホプキンス大学のケネス・D・ローズの『The Beginning of the Age of Mammals』（2006年刊行）な

▲1-6-1
恐角類
ウィンタテリウム
Uintatherium
眼窩の上、眼窩の前の左右にそれぞれ先端が丸みを帯びた"ツノ"をもち、吻部先端も上方向にやや膨らんでいた。長い牙をもつ何とも恐ろしい顔つきをしているが、やわらかな草を主食としていたとみられている。本種を含む恐角類は、第一次適応放散で出現し、始新世に姿を消した。群馬県立自然史博物館所蔵標本。全長約3.5mの頭部部分。
(Photo：オフィス ジオパレオント)

どの情報も加えながら文を綴っていくとする。
　現生の「肉食性の哺乳類」といえば、第零部第1章で紹介したネコ類やイヌ類のような「食肉類」が代表的だ。しかし、かつての哺乳類には、ほかにもいくつかの肉食性グループが存在した。ここで紹介する「メソニクス類」と「肉歯類」は、そうした肉食性グループのなかでも初期に出現した。
　メソニクス類は、古第三紀前半の北半球における主要な肉食獣の一つだ。一見しただけでは、食肉類の動物たちと見分けるのは難しい。ただし、指がかぎづめではなくひづめになっていることや、臼歯の形状などにちがいがある。クジラ類やカバ類、ウシ類などが属する「鯨偶蹄類」というグループに近縁とされる。
　そんなメソニクス類から紹介しておきたいのは、モンゴルの古第三紀始新世の中期の地層から化石が発見さ

れている**アンドリュウサルクス・モンゴリエンシス**(*Andrewsarchus mongoliensis*)だ。 1-6-2 「食肉類の動物たちと見分けるのは難しい」と書いたばかりのメソニクス類のなかで、比較的「食肉類と似ていない感」のある種である。アンドリュウサルクスの頭胴長は3〜3.5mで、陸生の肉食哺乳類としては史上最大級の体格のもち主とされる。現生のライオンやトラよりも一回り大きい。

　アンドリュウサルクスの最大の特徴は、その大きな頭部だ。吻部が長く、幅56cmに対して長さは83cmにおよぶ。頭部が頭胴長の約4分の1を占めるため（この比率は現生のクジラ類に近い）、復元された姿はちょっとアンバランスに見える。たとえば、ライオンやトラの吻部は寸詰まりであるし、比較的吻部の長い頭部をもつイヌ類には、ここまで大きな体のものはいない。これまでに知られている陸上哺乳類のなかでも、ずば抜けて大きな頭部のもち主なのだ。

　また、（アンドリュウサルクスをのぞいた）メソニクス類以上に食肉類とそっくりなのが、肉歯類である。食肉類と肉歯類を見分ける最大の特徴は歯なので、口を開けて歯を見せてもらわないことには、ちがいがよくわからない。ただし、よく見ると肉歯類の四肢の方が、食肉

◀▼1-6-2
メソニクス類
アンドリュウサルクス
Andrewsarchus

全長約3.5mの大きな頭部が特徴的な絶滅哺乳類。古今東西の陸上哺乳類のなかで、突出した"頭でっかち"である。腐肉食性とされる。メソニクス類は第一次適応放散で出現し、古第三紀漸進世に滅んだ。左はイギリス、ロンドン自然博物館が所蔵する頭骨の複製。標本長約80cm。実物は中国、内モンゴル産。下は復元図。
(Photo: The Trustees of the Natural History Museum, London)

▲1-6-3

肉歯類
メジストテリウム
Megistotherium
全長約3.5m。アンドリュウサルクスと並ぶ大型の肉食哺乳類。「捕食者」としての"スペック"は、現生食肉類と比べても何ら遜色ないとされる。肉歯類は第一次適応放散で出現し、古第三紀始新世にかけて繁栄したが、新第三紀に入ってほどなく絶滅した。

類よりも短かいことに気づくだろう。肉歯類は、食肉類とは姿のみならず系統的にも近く、生息域も重複していた。

肉歯類の一つとして、リビアやエジプトなどのアフリカ各地から化石が発見されている**メジストテリウム・オステオタラステス**(*Megistotherium osteothalastes*)を紹介しておきたい。1-6-3 アンドリュウサルクスにはおよばないものの、長さ65cmの大きな頭骨をもつ。近縁種から推定される頭胴長は3.5m、体重はライオンの3倍超もある800kgである。アンドリュウサルクスと並んで、史上最大級の陸上肉食哺乳類であるといえる。発達した犬歯や頑丈な臼歯をもっており、肉食動物としてすでに"完成"した姿をしていた。

食肉類と肉歯類を比べると、先んじて多様化し、大型化したのは肉歯類の方であった。"先行者"である彼らは、とくに古第三紀の暁新世と始新世の北半球で隆盛を誇った。

"大攻勢"、再び

　新生代第2の時代である始新世は、強烈な温暖気候のなかで幕を開けた。その後、気候は寒冷化・乾燥化に向かい、世界各地に草原が拡大していくことになる。

　そうしたなか、哺乳類の「第二次適応放散」がおきた。第零部第2章で紹介したウマの仲間（奇蹄類）やゾウの仲間（長鼻類）、第1部第4章で紹介したコウモリの仲間（翼手類）、そして次章で紹介するクジラの仲間（鯨偶蹄類）などが出現したのだ。いわゆる「現代型の哺乳類」の登場である。こうした動物たちは、第一次適応放散で先行して登場していた各哺乳類との競合に打ち勝ち、勢力を広げていく。また、翼手類や鯨偶蹄類の出現が物語るように、この第二次適応放散によって、哺乳類は空や海への本格的な進出も果たすことになる。

　第二次適応放散で現れた哺乳類と入れ替わるように、第一次適応放散で登場した哺乳類の多くは、登場から長くても2000万年ほどで姿を消すことになる。第一次適応放散のときから現在も生き残っているグループは、霊長類（ヒトの仲間）や食肉類（ネコやイヌの仲間）など、一部の哺乳類に限られる。

　なぜ、第一次適応放散グループは、後発組である第二次適応放散グループに敗れたのだろうか？

　理由は謎である。少なくとも本書執筆時点までに、第一次適応放散グループと比較して、第二次適応放散グループが優れていたとされる点は挙げられていない。

　「肉食性」ということに注目すると、先の項で紹介した肉歯類は、現在の世界各地で繁栄する食肉類と同じ第一次適応放散で出現している。食肉類と比較すると、当時は肉歯類の方が優勢で、なおかつ、体のつくりは肉食動物としてほぼ完成していた。にもかかわらず、ほかの第一次適応放散グループが姿を消していったのと同じ時期に、食肉類と"立ち場"が逆転し、新第三紀に入って最初の時代である中新世には絶滅するのだ。同じ第一次適応放散グループのなかで、肉歯類と食肉類の命運を分けたものは何だったのか。それも謎である。

◀ 1-6-4
サイ類
インドリコテリウム
Indricotherium
頭胴長約7.5m、肩高約4.5m。史上最大級の陸上哺乳類である。長い首と長い四肢が特徴だ。東京の国立科学博物館地下2階には、本種の標本が天井に頭をぶつけそうな勢いで展示されている(復元画は次ページ)。なお、2016年現在では、展示の名前は「パラケラテリウム」となっている。詳細は次ページの本文にて。
(Photo:安友康博/オフィス ジオパレオント)

史上最大の陸上哺乳類の"名前"は三つ?

　哺乳類の第二次適応放散で出現したグループの一つ、奇蹄類。このグループは、ウマの仲間であり、サイの仲間でもある。古第三紀の始新世後期、サイ類（サイ上科）のなかに史上最大の陸上哺乳類が出現した。それが**インドリコテリウム**（*Indricotherium*）だ。ロシア民話に登場する「動物の支配者」に由来する名前をもつ動物である。

インドリコテリウムの復元図

インドリコテリウムは当時のアジアに生息しており、その大きさは頭胴長7.5m、肩高4.5mにもなる。頭胴長は現在のアフリカゾウの大きな個体とほぼ同じで、肩の高さはアフリカゾウより一回り大きい。サイの仲間ではあるものの、四肢や首が長いその姿は、同じ奇蹄類でいうならばウマの仲間といわれた方がしっくりくるかもしれない。日本では、上野の国立科学博物館で全身復元骨格を見ることが可能だ。1-6-4 この標本は、展示場の天井に届くかという高さがある（かなり窮屈そうだ）。また、長い脚をもつことから、『新版 絶滅哺乳類図鑑』では「かなり速く走れたことが想像される」としている。

この「史上最大の陸上哺乳類」については、名前にいささかの混乱がみられる。たとえば、2004年に刊行された『脊椎動物の進化 原著第5版』では、「バルキテリウム」の名が採用され、「*Baluchitherium*（*Indricotherium*）」と表記されている。2006年に刊行された『The Beginning of the Age of Mammals』では、「パラケラテリウム（*Paraceratherium*）」として紹介され、「おそらく、インドリコテリウムとバルキテリウムを含む」という注釈が加えられている。2015年に刊行された『VERTEBRATE PALAEONTOLOGY』の第4版においてもパラケラテリウムの名が採用され、「（= *Indricotherium* or *Baluchitherium*）」という注釈がついているという具合だ。

情報の錯綜は、なにも最近になって始まったわけではない。1989年には、アメリカ、ニューメキシコ州立自然史博物館のスペンサー・G・ルーカスと、ニューメキシコ大学のジャイ・C・ソブスがこの3種の関係についての情報を整理し、インドリコテリウムはパラケラテリウムの幼体である、という見解をまとめている。

この3属は、1911年にパラケラテリウム、1913年にバルキテリウム、1923年にインドリコテリウムという順番で報告された。すべてが同属と認められれば、学名の先取権の原則にもとづいて、「パラケラテリウム」に統一されることになる。2010年刊行の『新版 絶滅哺乳類図鑑』では、これらの議論をふまえたうえで、「パラケラテリウムとインドリコテリウムを有効とし、従来、史上最大の

陸上哺乳類とされていたバルキテリウムはインドリコテリウム」と紹介している。本書はこれに準拠している。

■ "短命"の奇蹄類

インドリコテリウムと同じ奇蹄類のなかで、忘れてはならないのが「ブロントテリウム類」である。古第三紀の始新世に出現し、ほどなく滅んだ絶滅グループで、その歴史は約2000万年間で幕を閉じた。

ブロントテリウム類は、北アメリカに出現し、その後、ベーリング"陸橋"を渡ってユーラシアにも生息域を広げた。多様性も高く、属数はウマ類（科）を大きくこえたとされる。ブロントテリウム類の小型種は肩高約50cm、頭胴長約1mほどで、筆者の家で暮らすラブラドール・レトリバーとさして変わらないが、大型種では肩高約2.5m、頭胴長約5mのサイズになる。現生哺乳類と比較すれば、この値はゾウ類にはおよばないものの、「ゾウ類の次に大きい」とされるシロサイ（*Ceratotherium simum*）と比較すると、高さにして50cm以上、長さにして1m近く大きい。

ブロントテリウム類の特徴は、大きさだけではない。いくつかの種は、吻部に発達した「ツノ」をもっていた。同じ奇蹄類においては、たとえばサイの仲間がツノをもっている。ただし、サイの仲間のツノは毛でできており、一部の例外（"冷凍保存"など）をのぞいて、化石に残ることはない。一方、ブロントテリウム類のツノは骨でできており、しかもその形が独特なのである。本章では、そんなブロントテリウム類のなかから大型種を2種紹介しておこう。

一つは、アジアに生息していた肩高2.5mの**エムボロテリウム**（*Embolotherium*）だ。 1-6-5 温暖な沼沢地に生息していたとされるこのブロントテリウム類のツノは、まるで分厚い羽子板のようである。「ツノ」という言葉からイメージできるような「トンガリ」はない。

もう一つは、**メガセロプス**（*Megacerops*）である。 1-6-6 大きさはエムボロテリウムとほぼ同じで、北アメリカの

▲▼1-6-5
ブロントテリウム類
エムボロテリウム
Embolotherium
肩高約2.5mの植物食哺乳類。頭部の"ツノ"は、羽子板のような形になっている。中国、内モンゴル自治区で発見された頭骨(標本長約1m)。下は復元図。
(Photo:福井県立恐竜博物館)

▲▼1-6-6
ブロントテリウム類
メガセロプス
Megacerops
肩高2.5mの植物食哺乳類。頭部の"ツノ"は、「Y」字のような形になっている。かつてブロントテリウム（*Brontotherium*）ともいわれていたが、現在ではこの属名で統一されている。上はアメリカ、ネブラスカ州で発見された頭骨（標本長約60cm）。下は復元図。
（Photo：Phil Degginger/Carnegie Museum/amanaimages）

ロッキー山脈の麓で群れを作っていたとされる。ツノは根元が1枚の板状で、先端がY字に分かれている。こちらも「トンガリ」はなく、Y字の先端は丸くなっている。

同じ奇蹄類で、同じ時期に登場しながら、ウマ類が現在までの命脈を保ち、ブロントテリウム類が2000万年ほどで滅んでしまったのはなぜなのか？

『新版 絶滅哺乳類図鑑』では、「歯」が運命を分けた可能性が指摘されている。古第三紀の始新世という時代は、地球規模で乾燥化が進行し、森林が草原となっていった。草原を構成するイネ科の植物は、生体鉱物「プラントオパール」を生成し、細胞壁に蓄積する。それゆえにとてもかたい。したがって、食べる側にもそれなりの"対策"が必要になってくる。ウマ類は、歯を高くして磨り減ってもいいようにすることで、この環境の変化に適応した。しかし、水草や森林の木の葉など、やわらかな植物を食べていたブロントテリウム類は適応できなかった、というわけである。主食の切り替えの可否が、彼らの運命を分けたのである。

不思議な重量級

筆者のお気に入りを一つ紹介しておきたい。**アルシノイテリウム**（*Arsinoitherium*）である。 1-6-7

アルシノイテリウムは、長鼻類に近縁な「重脚類」という絶滅哺乳類グループの代表種である。このグループは、古第三紀の暁新世後期から漸新世後期にかけてヨーロッパ、アジア、アフリカ北部に分布していた。アルシノイテリウムは、エジプトの古第三紀始新世の後期の地層から化石が発見されている「アルシノイテリウム・チッテリ（*Arsinoitherium zitteli*）」と、エチオピアの古第三紀漸新世の後期の地層から化石が発見されている「アルシノイテリウム・ギガンテウム（*Arsinoitherium giganteum*）」が報告されている。このうち、チッテリに関してはほぼ完全な骨格が発見されており、その頭胴長は3.5mほどとされる。一方、ギガンテウムはチッテリの1.5倍ほどの大きさがあった、と推測されている。

▶1-6-7

重脚類
アルシノイテリウム
Arsinoitherium

頭胴長約3.5mほどの植物食哺乳類で、「重脚類」というグループ名がしっくりくるほどの、がっしり・ずっしりした体つき。頭部には根元から二股に分かれた太いツノがあった。右ページは復元図。

(Photo：The Trustees of the Natural History Museum, London)

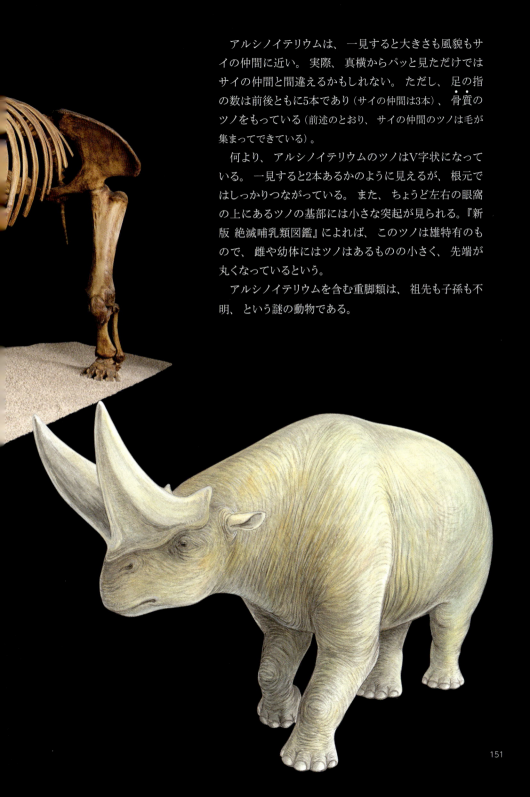

　アルシノイテリウムは、一見すると大きさも風貌もサイの仲間に近い。実際、真横からパッと見ただけではサイの仲間と間違えるかもしれない。ただし、足の指の数は前後ともに5本であり（サイの仲間は3本）、骨質のツノをもっている（前述のとおり、サイの仲間のツノは毛が集まってできている）。

　何より、アルシノイテリウムのツノはV字状になっている。一見すると2本あるかのように見えるが、根元ではしっかりつながっている。また、ちょうど左右の眼窩の上にあるツノの基部には小さな突起が見られる。『新版 絶滅哺乳類図鑑』によれば、このツノは雄特有のもので、雌や幼体にはツノはあるものの小さく、先端が丸くなっているという。

　アルシノイテリウムを含む重脚類は、祖先も子孫も不明、という謎の動物である。

第1部 古第三紀

7 | 哺乳類、海へ

故郷はインド、パキスタン

　古第三紀始新世に発生した「哺乳類の第二次適応放散」。このとき、海へと進出を果たしたグループの一つが、鯨偶蹄類のなかの、いわゆる「クジラ類」である。

　クジラ類の進化に関しては、多くの書籍が刊行されている。新しいものでは、アメリカ、ノースイースト・オハイオ医科大学のJ・G・M・"ハンス"・テービセンが2014年に著した『The Walking Whales』や、サン・ディエゴ州立大学のアナリサ・ベルタたちが2015年に刊行した『Marine Mammals』の第3版などが挙げられる。本章では、ほかにもたくさんの関連書籍を参考にしたので、興味のある方はこれまでと同様、巻末の参考文献欄をご覧いただきたい。

　さて、本題に入るとしよう。インド北西部とパキスタン北東部の国境付近に分布する古第三紀の始新世前期の地層から、クジラ類の祖先とされる鯨偶蹄類の化石が発見されている。現生のマメジカとよく似た姿をもつ

▼1-7-1
鯨偶蹄類
インドヒウス
Indohyus
頭胴長約40cm。クジラ類の祖先とされる"偶蹄類"。下の化石写真は、パキスタンとインドの国境付近で発見された複数個体の化石から、異なる部位を選び出して並べられたもの。右ページに復元図。
(Photo: J. G. M. 'Hans' Thewissen)

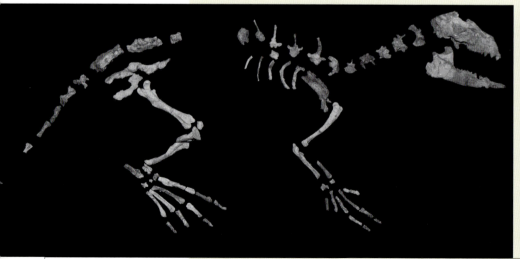

インドヒウスの復元図

　その動物の名を、**インドヒウス**(*Indohyus*)という。 1-7-1 この学名は「インドのイノシシ」という意味だ。 頭胴長40cmほどで、筆者の家で暮らす生後5か月のシェットランド・シープドッグよりも小さいが、頭胴長と同じくらいの長さの尾をもっていた。 化石の化学分析の結果などからは完全な陸生ではなく、水中に潜る生活も行っていたことが指摘されている。 この場合の「水」とは、湖沼や河川などの淡水環境だ。

　インドヒウスは、どのような生態をしていたのだろうか？ 残念ながら『The Walking Whales』によれば、インドヒウスの化石を最も多く産出する地層の研究は今ひとつ進んでいないらしく、化石自体は発見されていても、資金不足などの理由からクリーニング待ちの状況にあるという。 また、筆者が取材したところ、現地の治安の悪化が研究をさらに遅らせていることを懸念する声も挙がっている。

　ほぼ同じ地域、ほぼ同じ時代の地層で、インドヒウスから1歩進化した「最古のクジラ類」の化石が発見されている。 その名も**パキケトゥス**(*Pakicetus*)。 1-7-2 「パキスタンのクジラ」という意味である。 頭胴長約1m。 インドヒウスがシェットランド・シープドッグ以下ならば、パキケトゥスのサイズは筆者の家で暮らすラブラドール・レトリバー（5歳）とほぼ同じ大きさだ。

　長い吻部をもつパキケトゥスは、一見すると、まる

▲▶ 1-7-2
ムカシクジラ類
パキケトゥス
Pakicetus
頭胴長約1m。最古の"クジラ類"。半水半陸生。上段は国立科学博物館所蔵・展示の全身復元骨格で、四肢とその先の指がはっきりと確認できる。また、頭部の眼窩の位置が高い。下段は復元図。
（Photo:安友康博/オフィス ジオパレオント）

でオオカミのような姿をしている。しかし、ちょっと近づいてみれば、そのちがいがよくわかる。ポイントは眼の位置だ。オオカミの仲間のみならず、一般的な陸上哺乳類と比較すると、パキケトゥスの眼の位置はやたらと高い。これなら、顔の大半を水中に沈めても、水

面上のようすがわかる。そして、口先を下げることで、進行方向正面のようすがよくわかる。

　パキケトゥスは、インドヒウスと同様に半水半陸の生活を送っていたことが指摘されている。浅い小川やその周辺で暮らしていたのかもしれない。指には水かきがあった可能性も指摘されている。

　四肢をもったインドヒウスやパキケトゥスの容姿は、クジラ類とは似ても似つかない。しかし、耳の構造はのちのクジラ類とほぼ同じだった。クジラ類の耳は、水中で音を聞きやすいつくりになっている。一方でインドヒウスとパキケトゥスの耳は、空気中の音の方が聞き取りやすかったので、まだ完全に水中適応しているとはいえないものの、"水中仕様の片鱗"は確認できるという。すなわち、クジラ類は、体の形が完全に水中適応する前に、まず耳が変化していたのである。

そして、海へ

　パキケトゥスから約100万年ののちに、より水中生活に適応し、陸上歩行「も」できた、というクジラ類が出現した。**アンブロケトゥス**(*Ambulocetus*)だ。1-7-3　その化石は、インドヒウスやパキケトゥスと同じ、パキスタン北部から発見されている。頭胴長約2.7m、尾まで含めた全長は約3.5mとなる。パキケトゥスの3倍弱の長さである。

　アンブロケトゥスの見た目は、「毛の生えたワニ」という表現がふさわしい。この表現は筆者のアイディアではなく、アンブロケトゥスのことを示す比喩として、さまざまな書籍で使われている。長い吻部と尾をもち、四肢は比較的短めだが、後ろ足の指は長く、水かきをもっていた可能性が高いとされる。その姿かたち、そして関節などから、水中を泳ぐことができたのは明らかだ。一方で、現在のアシカの仲間のように、ペタペタと陸上を歩くこともできたという。ちなみに、種小名まで含めた学名は「アンブロケトゥス・ナタンス(*Ambulocetus natans*)」。「Ambulo」は「歩く」、「cetus」はクジラ、

▲▶ 1-7-3
ムカシクジラ類
アンブロケトゥス
Ambulocetus

頭胴長約2.7m。半水半陸生の"クジラ類"。「アンビュロケトゥス」とも。パキケトゥスよりも水中生活に適応していた。その一方で、獲物は陸上動物だった可能性が指摘されている。上は国立科学博物館所蔵・展示の全身復元骨格で、長い四肢がはっきりと確認できる。右ページに復元図。
(Photo:安友康博/オフィス ジオパレオント)

「natans」は「泳ぐ」という意味で、この動物の"立ち位置"をよく表している。

アンブロケトゥスの細長い頭部は、本種がワニのような生態をもっていたことを示唆する。眼の位置は高く、体の大半を水中に沈めたまま、水面のようすをうかがうことができた。また、パキケトゥス以来発達してきた水中の振動をキャッチするタイプの耳は、水底に顎を付けることで接近する獲物の足音を的確に捉えることができたとされる。当時の水辺では、なかなか恐ろしい存在だったことだろう。

アンブロケトゥスは、クジラ類の進化を語るうえで「鍵」ともいえる存在だ。なぜならば、海洋進出のまさに途上にあった種、といえるからである。

「半水半陸」とはいっても、パキケトゥスにみられるのは、淡水への適応だった。それに対し、アンブロケトゥスの場合は、発見地の近くで海生の巻貝などが発見されているのである。また、陸棲哺乳類の化石もアンブロケトゥスの化石の近くで発見されている。このことから、この種が海水域と淡水域の境界域に生息していたことが示唆されている。歯の化石の化学分析によれば、歯をつくることに使われていた元素は、淡水、あるい

は陸上の生き物に由来するものだった。『The Walking Whales』では、アンブロケトゥスは幼いうちは淡水環境に生息し、成長してから（歯が完成してから）は海水環境へ移って暮らしていた、あるいは、海水環境で暮らし、もっぱら淡水魚か陸棲哺乳類を襲っていた可能性を指摘している。

いずれにしろ、生活圏に「海」が関わってくる。それがアンブロケトゥスなのである。

同じように、「陸から海へ」の移行期に存在していたとされるのが、パキスタン北東部のクンヴィットに分布する約4700万年前の地層から化石が発見された**マイアケトゥス**（*Maiacetus*）と、インド北西部に位置するクッチの約4200万年前の地層から化石が発見されている**クッチケトゥス**（*Kutchicetus*）だ。

年代が前後するものの、先にクッチケトゥスから紹介しておこう。1-7-4 全長約2mのクッチケトゥスは、体の半分の長さを尾が占める。しっかりとした四肢をもつものの、手足部分が未発見で、アンブロケトゥスほどの

▼1-7-4

ムカシクジラ類
クッチケトゥス
Kutchicetus
全長約2m。半水半陸生の"クジラ類"の一つ。「カッチケトゥス」とも。高く盛り上がった後頭部が特徴的。上段は国立科学博物館で展示されている全身復元骨格の頭部付近。下段は復元図。
（Photo：オフィス ジオパレオント）

◀▲1-7-5
ムカシクジラ類
マイアケトゥス
Maiacetus

頭胴長約2.6m。アンブロケトゥスに似た姿をもつ半水半陸棲の"クジラ類"の一つ。上段は化石画像。中段はその解説図で、青色に着色された部分に胎児の化石が確認できる。その頭部は、母の頭部(白色に着色)とは逆向きだ。下段は復元図。
(Photo:Philip Gingerich, University of Michigan)

情報は得られていない。それでも、長い吻をもつ頭部は後頭部が高くなっており、眼はその稜近くにあるという独特の面構えをもっていた。これまでの進化の流れから考えれば、この眼の位置は、体の大半を水中に隠しながら水面のようすをうかがうのに最適だ。

一方のマイアケトゥスは、全長約2.6m。姿かたちはクッチケトゥスよりもアンブロケトゥスに近く、短いががっしりとした四肢をもっていた。アンブロケトゥスと同じく、半水半陸の生態だったとされる。本種のポイントは、種名に「母」を意味する「マイア(*maia*)」を冠することからも示唆される。本種のある標本に、胎児が確認されたのだ。1-7-5

現在のクジラ類は、もちろん哺乳類であるからして、卵ではなく子を出産する。このとき、子は尾の方から母の体外に出るのが一般的だ。これは地上性の哺乳類の出産とは逆である(地上性の哺乳類は、頭の方から母の体外に出ることが一般的である)。哺乳類の呼吸法は肺呼吸であり、クジラ類といえども、水中では呼吸できない。水中で、もし頭から母体の外に出て来たら、子は溺れてしまうだろう。よって"完全な水棲哺乳類"は、まず尾から産むというわけである。

さて、マイアケトゥスの胎内に確認された胎児は、頭部を母の尾方向に向けていた。つまり、我々ヒトと同じように頭から出産する方法だったのである。このことから、マイアケトゥスは、地上で出産を行っていた可能性が高いことが示唆されている。

クジラはいかにして水棲適応したのか。それは「ミッシングリンク」として、長い間、古生物学者たちを悩ませてきた。ところが、インドヒウスからマイアケトゥスに至るさまざまな発見は、この課題を一挙に解決した。「世紀の発見」といわれる事件である。

▲1-7-6
ムカシクジラ類
バシロサウルス
Basilosaurus
全長約20m。完全に水棲適応した"クジラ類"である。ともに福井県立恐竜博物館所蔵の全身復元骨格(同一標本を異なる角度から撮影)。長い体と、小さな頭がよくわかるだろう。歯の形にも注目である。詳細と復元図は次ページにて。
(Photo:安友康博/オフィス ジオパレオント)

"王"の登場

4000万年前ごろには、完全に水中適応し、現生のナガスクジラ（Balaenoptera physalus）並の全長をもつクジラ類が現れた。**バシロサウルス**（Basilosaurus）である。 1-7-6
「Basilo」はギリシャ語で「王」を意味する。全長20m。クジラ類が進化の道を躍進していた古第三紀始新世どころか、新第三紀まで見ても最大の哺乳類である。

「現生のクジラ並み」といっても、バシロサウルスの風貌は現生のクジラ類とは大きく異なる。まず気づくのは、頭の小ささだ。バシロサウルスの頭部は長さ2mに満たず、全長の10分の1以下である。現生のクジラ類は、たとえば、ナガスクジラ類の場合で、頭部の割合は全身の約5分の1、セミクジラ類の場合で約3分の1だ。これに比べれば、バシロサウルスの頭部は異様なまでに小さい。また、体をよく見ると、申し訳程度の小さな後ろ脚をもっている。

さて、クジラ類（つまり哺乳類）なのに「トカゲ」（つまり爬虫類）を意味する「サウルス（saurus）」が学名に使われている由縁については、ちょっとした逸話があるので紹介しておこう。

バシロサウルスの化石は、これまでにアメリカ、エジプト、パキスタンなどから発見されている。最初の化石は、アメリカのルイジアナ州東部を流れるウォシタ川の近くで発見された。1830年ごろの話である。その化石は、私設病院に勤務する外科医であり、また古生物学者でもあったリチャード・ハーランに届けられ、研究された。このとき、ハーランは、この化石を絶滅した大型の海棲爬虫類（全長30m級と考えた）とし、1834年に「トカゲの王」を意味するバシロサウルスの名を与えたのである。

ところが、じつは最初の発見の直後、歯の化石も見つかっていた。この歯は、バシロサウルスが爬虫類であるとする説に疑惑を生じさせるものであった。というのも、爬虫類であれば、歯は基本的にすべて同じ形をしている。哺乳類であれば、犬歯や臼歯など場所によっ

バシロサウルスの復元図

て形のちがいがある。すなわち歯の化石は、爬虫類か哺乳類かを決める有力な手がかりなのだ。アメリカのサイエンス・ジャーナリストであるカール・ジンマーが著した『水辺で起きた大進化』（原著は1998年、邦訳版は2000年刊行）では、ハーランはバシロサウルスが部位によって異なる歯をもっている、つまり哺乳類としての特徴をもっていることに、じつは気づいていたとしている。それでもハーランは自説を変えず、バシロサウルスを「変わった爬虫類」と捉えた。彼の主張によれば、顎の骨は哺乳類ではなく爬虫類の特徴をしていたのだという。

ここで登場するのが、リチャード・オーウェンである。彼は、イギリス、大英博物館の自然史部門（現在のロンドン自然史博物館）の初代館長を務めた古生物学者であり、解剖学者であり、外科医だった人物である。当時、古生物学の権威として知られ、「恐竜（Dinosaur）」という言葉を作ったことでも知られている。チャールズ・ダーウィンの『種の起原』の批判者としても有名だ。

オーウェンは、バシロサウルスの化石を丹念に調べ上げ、やはり歯の特徴は哺乳類のものであると結論した。そのほか、ハーランが「爬虫類説」の根拠として挙げていた特徴も一つ一つ否定していった。オーウェンはバシロサウルスを哺乳類に分類し、その歯の特徴に由来する「頸木（くびき）のような歯」という意味の「ズーグロドン（Zeuglodon）」という学名を1842年に提唱した。ちなみに「頸木」とは、牛車や馬車などで車を引く牛馬の首の後ろにかける木のことである。

しかし、学名には「先取権の原則」が存在し、たとえそれがどんなに誤解を招こうとも、基本的には先につけられた名前が優先される。オーウェンのように古生物学史に名を残すような権威であっても、その原則を覆すことはできない。かくして、バシロサウルスは哺乳類でありながら「サウルス（＝トカゲ）」とよばれ続けて現在に至る。

ドルドン（*Dorudon*）も紹介しておこう。ほぼ同時代に生息していたバシロサウルスの近縁種だ。1-7-7 とはいえ、

▲1-7-7
ムカシクジラ類
ドルドン
Dorudon
全長約4.5〜5.5m。完全に水生適応した"クジラ類"の一つで、現生クジラ類(イルカ類)とよく似る。上段は国立科学博物館所蔵の全身復元骨格。小さな後ろ脚に注目されたい。右ページは復元図。
(Photo:国立科学博物館)

ドルドンはバシロサウルスほど大きくない。全長は4.5〜5.5mほどで、現生のマイルカ類オキゴンドウ(*Pseudorca crassidens*)とほぼ同じである(念のために書いておくと、イルカは「小型のハクジラ」である)。頭部が全長に占める割合も約5分の1で、バシロサウルスのように"小さな頭"というわけでもない。もし現在の海にドルドンが泳いでいたとしたら、いささかの違和感を感じながらも、クジラの仲間と特定できるかもしれない。「違和感」というのは、ドルドンもバシロサウルスと同様に、小さな後ろ脚をもっていたからだ。現在のクジラ類とは決定的に異なる特徴である。

エジプトの古第三紀始新世の末期の地層からは、バシロサウルスの化石とドルドンの化石がともに産出する。そうした化石のなかで、ドルドンの幼体の頭部に歯型のあるものが発見されている。その歯型は明らかに致命傷といえるものだった。

かねてより、その"犯人"としてバシロサウルスの名が挙げられていたが、いかんせん証拠に欠けていた。2012年、ドイツ、フンボルト博物館のユリア・M・ファ

　ルクが、両種の化石標本をコンピューター上で正確に再現し、バシロサウルスによるドルドンの"捕食"を検証した研究を発表した。この研究によれば、ドルドンの幼体に残された歯型はまさしくバシロサウルスのものだった、という。大方の予想通りである。もっともファルク自身は、論文内でいささか慎重な書き方をしている。すなわち、この研究はあくまで、エジプトで化石が発見されているバシロサウルス・イシス（*Basilosaurus isis*）がドルドンを狩っていた可能性を示唆するだけで、ほかのバシロサウルス属の狩りの方法や獲物は異なったはずである、という。

　パキケトゥス以降、ドルドンまでのクジラ類を「Archaeoceti」という。日本語では、「ムカシクジラ類」「原鯨類」「古鯨類」などと訳される。パキケトゥスの登場からドルドンに至るまで、すべて古第三紀始新世の内に展開された進化である。その間、約1000万年。生命史という視点で見れば、クジラ類は驚くべき速さで海洋進出を果たしたことになる。

▶ 1-7-8

ヒゲクジラ類
リャノケトゥス
Llanocetus

「歯のあるヒゲクジラ類」のなかで、最も古いとされる。頭骨の大きさは2mほどだったようだが、全身像は不明である。「ヤノケトゥス」とも。

歯のあるヒゲクジラ

　現生のクジラ類は、大きく二つのグループに分けられる。一つは、マッコウクジラ（*Physeter macrocephalus*）やマイルカ（*Delphinus delphis*）、シャチ（*Orcinus orca*）などの「ハクジラ類」。もう一つは、シロナガスクジラ（*Balaenoptera musculus*）やザトウクジラ（*Megaptera novaeangliae*）、セミクジラ（*Eubalaena japonica*）などの「ヒゲクジラ類」である。ハクジラ類は文字通り歯をもつクジラの仲間で、ヒゲクジラ類は歯のかわりに「ひげ板」を多数備え、そのひげ板で主にオキアミなどのプランクトンを濾し取って食べる。

　ヒゲクジラ類の生態には、大陸配置の変化が関係しているという見方が一般的だ。

　古第三紀の漸新世前期、それまで一つの大陸だったオーストラリアと南極がついに分裂した。これにより、オーストラリア大陸も南極大陸も現在と同様の「孤立した大陸」となった。とくに南極大陸の独立は、その周囲を一周する海流を生んだ。遮る陸地がなく、極圏を流れるこの海流は、しだいに冷えて重くなり、深海へと沈んでいく。この海流によって、深海底に堆積していた栄養分が巻き上げられ、プランクトンに供給される。そうして増えたプランクトンを餌にする形で、とくにヒゲクジラ類は繁栄を遂げてきた、というわけである。

　そんなヒゲクジラ類の先陣を切る形で登場したクジラたちを、本章の最後に紹介しておきたい。「歯のあるヒゲクジラ」とよばれるものたちだ。

　「歯のあるヒゲクジラ」は読んで字のごとく、ヒゲクジ

◀▲ 1-7-9
ヒゲクジラ類
エティオケトゥス・ウェルトニ
Aetiocetus weltoni

大きさ約70cm弱の上顎骨を上（背）側から撮影した画像（左）と下（腹）側から撮影したもの（右）。なお、エティオケトゥスのような歯のあるヒゲクジラの仲間すべてにひげ板があったかどうかについては、まだ議論の余地がある。下段は復元図。詳細は次ページ本文にて。

(Photo: Barbara Marrs / Thomas A. Deméré, San Diego Natural History Museum)

ラ類なのにハクジラ類や祖先たちと同じように歯をもっている。知られている限り最古の「歯のあるヒゲクジラ」は、1989年に南極のシーモア島から化石が報告された**リャノケトゥス**（*Llanocetus*）だ。 1-7-8 この化石は、古第三紀の始新世と漸新世の境界付近に当たる約3400万年前のものとされる。ただし、これ以降、公式に追加の標

本が報告されておらず、生体復元をすることは難しい。頭骨の長さは2mに達したといわれている。

　日本と北アメリカの古第三紀漸新世の地層から化石が発見されている**エティオケトゥス**（*Aetiocetus*）は、「歯のあるヒゲクジラ」の代表属であり、ムカシクジラ類と現在のクジラ類をつなぐ存在として注目されている。複数種が報告されており、アメリカのオレゴン州から化石が発見されているエティオケトゥス・ウェルトニ（*Aetiocetus weltoni*）は、頭骨の大きさが70cm弱で、推測される全長は2.5〜3mほどである。アメリカのサンディエゴ自然史博物館のトーマス・A・デメレと、前述の『Marine

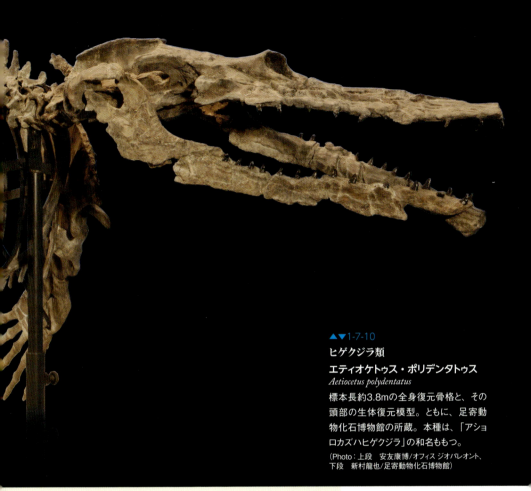

▲▼1-7-10
ヒゲクジラ類
エティオケトゥス・ポリデンタトゥス
Aetiocetus polydentatus

標本長約3.8mの全身復元骨格と、その頭部の生体復元模型。ともに、足寄動物化石博物館の所蔵。本種は、「アショロカズハヒゲクジラ」の和名ももつ。

（Photo：上段　安友康博/オフィス ジオパレオント、下段　新村龍也/足寄動物化石博物館）

Mammals』の著者であるベルタが2008年に発表した研究によれば、エティオケトゥス・ウェルトニの基準となる頭骨標本にはひげ板そのものは保存されていないものの、分析の結果、ひげ板をもっていたと見ることが可能だという。1-7-9 したがって、ヒゲクジラ類に至る前のクジラ類の姿をそこに見いだすことができるとしている。

　日本では、北海道足寄町からエティオケトゥス・ポリデンタトゥス（*Aetiocetus polydentatus*）の化石が発見されている。頭骨の大きさは80cm弱。2011年に本種の生体復元を行った足寄動物化石博物館の新村龍也たちは、ひ

▲1-7-11
**ヒゲクジラ類
ジャンジュケトゥス**
Janjucetus
オーストラリア、ヴィクトリア州から発見された正基準標本とその復元図。吻部の寸詰まり具合がよくわかる。標本長約42cm。
(Photo：Rodney Start / Museum Victoria 2005)

げ板のない姿で蘇らせた。標本中に、ひげ板の存在を示唆する形質が確認できないからだという。1-7-10

　古第三紀の最後の時代である漸新世は、さまざまなヒゲクジラ類が現れた時代でもある。エティオケトゥス・ウェルトニのように、ひげ板と歯の両方をもつヒゲクジラ類がいた一方で、オーストラリアの漸新世後期の地層から化石が発見された**ジャンジュケトゥス**(*Janjucetus*)は、ひげ板をもたず、頭骨全体が寸詰まりだった。1-7-11 また、北九州市立自然史・歴史博物館の岡崎美彦が福岡県の古第三紀漸新世の後期の地層から報告した**ヤマトケトゥス**(*Yamatocetus*)は、歯をもっていたものの、それが口腔の粘膜の外に出るだけの十分な長さをもっていたかどうかは不明とされた。1-7-12 ちなみに、ヤマトケトゥスは現在のヒゲクジラ類につながる系譜に載るとされている。かくして、クジラ類は世界中の海で、確固たる地位を築きつつあった。

　ついに古第三紀の終わりまで物語は進んできた。次巻では新第三紀、第四紀に焦点を当てる。残りは、わずか2300万年間だ。

▲◀ 1-7-12
ヒゲクジラ類
ヤマトケトゥス
Yamatocetus
福岡県北九州市遠見ノ鼻から発見された正基準標本。上段は頭骨の左側面、中段は上（背）側を撮影したもの。下段は復元図。標本長は約115cm。
（Photo：岡崎美彦 博士）

もっと詳しく知りたい読者のための参考資料

本書を執筆するにあたり、とくに参考にした主要な文献は次の通り。なお、邦訳があるものに関しては、一般に入手しやすい邦訳版を挙げた。また、webサイトに関しては、専門の研究機関もしくは研究者、それに類する組織・個人が運営しているものを参考とした。Webサイトの情報は、あくまでも執筆時点での参考情報であることに注意。

※本書に登場する年代値は、とくに断りのない限り、
　International Commission on Stratigraphy, 2012, INTERNATIONAL STRATIGRAPHIC CHARTを使用している

【第零部 第1章】

《一般書籍》
『狼王ロボ シートン動物記』著：シートン、2008年刊行、集英社文庫
『小学館の図鑑 NEO[新版]動物』指導・執筆：三浦慎吾、成島悦雄、伊澤雅子、吉岡 基、室山泰之、北垣憲仁、
　　画：田中豊美ほか、2015年刊行、小学館
『新版 絶滅哺乳類図鑑』著：冨田幸光、画：伊藤丙雄、岡本泰子、2011年刊行、丸善出版株式会社
『生命と地球の進化アトラス3』著：イアン・ジェンキンス、2004年刊行、朝倉書店
『脊椎動物の進化 原著第5版』著：エドウィン・H・コルバート、マイケル・モラレス、イーライ・C・ミンコフ、2004年刊行、築地書館
『猫たちの世界旅行』著：ロジャー・テイバー、1993年刊行、NHK出版
『歯の比較解剖学 第2版』著：石山巳喜夫、伊藤徹魯、犬塚則久、大泰司紀之、駒田格知、笹川一郎、佐藤 巌、茂原信生、
　　瀬戸口烈司、田畑 純、花村 肇、前田喜四雄、2014年刊行、医歯薬出版株式会社
『Newton別冊 恐竜・古生物ILLUSTRATED』2010年刊行、ニュートンプレス
『The Beginning of the Age of Mammals』著：Kenneth D.Rose、2006年刊行、The Johns Hopkins University Press
『Vertebrate Palaeontology FOURTH EDITION』著：Micael J.Benton、2015年刊行、WILEY Blackwell

《雑誌記事》
『イヌとネコはどこから来たのか?』Newton2011年10月号、p52-61、ニュートンプレス

《WEBサイト》
人口推計(平成27年(2015年)6月確定値、平成27年11月概算値)(2015年11月20日公表)、総務省統計局、http://www.stat.go.jp/data/jinsui/new.htm
平成27年 全国犬猫飼育実態調査、一般社団法人ペットフード協会、http://www.petfood.or.jp/data/chart2015/index.html
肉食獣の祖先は小型の樹上性哺乳類、NATIONAL GEOGRAPHIC日本版ニュース、2014年1月10日、http://natgeo.nikkeibp.co.jp/nng/article/news/14/8731/
Competition from the ancestors of cats drove the extinction of many species of ancient dogs, University of Gothenburg, http://www.gu.se/english/about_the_university/news-calendar/News_detail//competition-from-the-ancestors-of-cats-drove-the-extinction-of-many-species-of-ancient-dogs.cid1313224
Dire Wolf, *Canis dirus*, July 2009, SAN DIEGO ZOO GLOBAL, http://library.sandiegozoo.org/factsheets/_extinct/direwolf/direwolf_biblio.htm
Fossil study: Dogs evolved with climate change, News from Brown, https://news.brown.edu/articles/2015/08/dogs
How the Smilodon Got Its Teeth, American Museum of Natural History, http://www.amnh.org/explore/news-blogs/research-posts/how-the-smilodon-got-its-teeth
LA BREA TAR PITS & MUSEUM, http://www.tarpits.org

《学術論文》
Abby Grace Drake, Michael Coquerelle, Guillaume Colombeau, 2015, 3D morphometric analysis of fossil canid skulls contradicts the suggested domestication of dogs during the late Paleolithic, Sci.Rep., 5, 8299; doi:10.1038/srep08299
B. Figueirido, A. Martin-Serra, Z. J. Tseng, C. M. Janis, 2015, Habitat changes and changing predatory habits in North American fossil canids, Nat. Commun., 6:7976 doi: 10.1038/ncomms8976
Blaire Van Valkenburgh, Tyson Sacco, 2002, Sexual Dimorphism, Social Behavior, and Intrasexual Competition in Large Pleistocene Carnivorans, Journal of Vertebrate Paleontology, vol.22, no.1, 164-169
Carles Vilà, Peter Savolainen, Jesús E. Maldonado, Isabel R. Amorim, John E. Rice, Rodney L. Honeycutt, Keith A. Crandall, Joakim Lundeberg, 1997, Robert K. Wayne, Multiple and Ancient Origins of the Domestic Dog, Science, vol.276, p1687-1689
Daniele Silvestro, Alexandre Antonelli, Nicolas Salamin, Tiago B. Quental, 2015, The role of clade competition in the diversification of North American canids, PNAS, vol.112, no.28, p8684-8689
Floréal Solé, Richard Smith, Tiphaine Coillot, Eric De Bast, Thierry Smith, 2014, Dental and Tarsal Anatomy of '*Miacis*' *latouri* and a Phylogenetic Analysis of the Earliest Carnivoraforms (Mammalia, Carnivoramorpha), Journal of Vertebrate Paleontology, 34(1):1-21
Jeffrey G. Brown, 2014, Jaw Function in *Smilodon fatalis*: A Reevaluation of the Canine Shear-Bite and a Proposal for a New Forelimb-Powered Class 1 Lever Model, PLoS ONE, 9(10): e107456, doi:10.1371/journal.pone.0107456
M. Aleksander Wysocki, Robert S. Feranec, Zhijie Jack Tseng, Christopher S. Bjornsson, 2015, Using a Novel Absolute Ontogenetic Age Determination Technique to Calculate the Timing of Tooth Eruption in the Saber-Toothed Cat, *Smilodon fatalis*, PLoS ONE, 10(7):e0129847, doi: 10.1371/journal.pone.0129847
Stephen Wroe, Colin McHenry, Jeffrey Thomason, 2005, Bite club: comparative bite force in big biting mammals and the prediction of predatory behaviour in fossil taxa, Proc. R. Soc. B, 272, 619-625, doi:10.1098/rspb.2004.2986

【第零部 第2章】

《一般書籍》
『馬と人間の歴史』編著：末崎真澄,1996年刊行、馬事文化財団
『小学館の図鑑 NEO[新版]動物』指導・執筆：三浦慎吾、成島悦雄、伊澤雅子、吉岡 基、室山泰之、北垣憲仁、
　　画：田中豊美ほか、2015年刊行、小学館
『新版 絶滅哺乳類図鑑』著：冨田幸光、画：伊藤丙雄、岡本泰子、2011年刊行、丸善出版株式会社
『生物学辞典』編集：石川 統、黒岩常祥、塩見正衞、松本忠夫、守 隆夫、八杉貞雄、山本正幸、2010年刊行、東京化学同人
『脊椎動物の進化 原著第5版』著：エドウィン・H・コルバート、マイケル・モラレス、イーライ・C・ミンコフ、2004年刊行、築地書館
『ハミの発明と歴史』著：末崎真澄,2004年刊行、神奈川新聞社

『Newton別冊 中国四千年』2011年刊行，ニュートンプレス
『The Beginning of the Age of Mammals』著：Kenneth D. Rose, 2006年刊行, The Johns Hopkins University Press
『Vertebrate Palaeontology FOURTH EDITION』著：Micael J. Benton, 2015年刊行, WILEY Blackwell

《特別展図録》
『マンモス「YUKA」』2013年, パシフィコ横浜

《WEBサイト》
馬の品種事典, JRA日本中央競馬会競走馬総合研究所, http://uma.equinst.go.jp/jiten/equus/
Loxodonta africana, The IUCN Red List of Threatened Species, http://www.iucnredlist.org/details/12392/0

《学術論文》
甲能直樹, 2013, ゾウの仲間は水の中で進化した!? 一安定同位体が明らかにした長鼻類の揺籃一, 豊橋市自然史博物館研報, no.23, p55-63
Emmanuel Gheerbrant, 2009, Paleocene emergence of elephant relatives and the rapid radiation of African ungulates, PNAS, vol.106, no.34, p10717-10721
Faysal Bibi, Brian Kraatz, Nathan Craig, Mark Beech, Mathieu Schuster, Andrew Hill, 2011, Early evidence for complex social structure in Proboscidea from a late Miocene trackway site in the United Arab Emirates, Biol. Lett., doi:10.1098/rsbl.2011.1185
Kenneth D. Rose, Luke T. Holbrook, Rajendra S. Rana, Kishor Kumar, Katrina E. Jones, Heather E. Ahrens, Pieter Missiaen, Ashok Sahni, Thierry Smith, 2014, Early Eocene fossils suggest that the mammalian order Perissodactyla originated in India, Nat. Commun., 5:5570 doi: 10.1038/ncomms6570

【第1部 第1章】
《一般書籍》
『古生物学事典 第2版』編集：日本古生物学会, 2010年刊行, 朝倉書店
『小学館の図鑑 NEO 両生類・はちゅう類』著：松井正文, 疋田 努, 太田英利, 撮影：前橋利光, 前田憲男, 関 慎太郎 ほか, 2004年刊行, 小学館
『新版 地学事典』編集：地学団体研究会, 新版地学事典編集委員会, 1996年刊行, 株式会社平凡社
『生命と地球の進化アトラス3』著：イアン・ジェンキンス, 2004年刊行, 朝倉書店
『脊椎動物の進化 原著第5版』著：エドウィン・H・コルバート, マイケル・モラレス, イーライ・C・ミンコフ, 2004年刊行, 築地書館
『絶滅古生物学』著：平野弘道, 2006年刊行, 岩波書店
『はじめての地学・天文学史』編著：矢島道子, 和田純夫, 2004年刊行, ベレ出版
『よみがえる恐竜・古生物』監修：群馬県立自然史博物館, 著：ティム・ヘインズ, ポール・チェンバーズ, 2006年刊行, ソフトバンク クリエイティブ株式会社
『Paleogene Fossil Birds』著：Gerald Mayr, 2009年刊行, Springer
『Vertebrate Palaeontology FOURTH EDITION』著：Micael J. Benton, 2015年刊行, WILEY Blackwell

《WEBサイト》
地質系統・年代の日本語記述ガイドライン, 2015年4月改訂版, 2015年4月7日更新, 日本地質学会, http://www.geosociety.jp/name/content0062.html
Exit Dinosaurs, Enter Fishes, Robert Monroe, June 29, 2015, UC San Diego News Center, http://ucsdnews.ucsd.edu/pressrelease/exit_dinosaurs_enter_fishes
International Commission on Stratigraphy, http://www.stratigraphy.org/
Smithsonian CHANNEL, http://www.smithsonianchannel.com

《学術論文》
鈴木寿志, 石田志朗, 2005, PaleogeneとNeogeneに対応する日本語について, 地質学雑誌, 第111巻第9号, p565-568
Anastassia M. Makarieva, Victor G. Gorshkov, Bai-Lian Li, 2009, Re-calibrating the snake palaeothermometer, nature, vol.460, BRIEF COMMUNICATIONS ARISING, doi:10.1038/nature08223
A. O. Averianov, 2005, The First Choristoderes (Diapsida, Choristodera) from the Paleogene of Asia, Paleontological Journal, vol.39, no.1, 2005, p79-84, Translated from Paleontologicheskii Zhurnal, no.1, p.83-88
Bruce R. Erickson, 1987, *Simoedosaurus dakotensis*, New Species, a Diapsid Reptile (Archosauromorpha; Choristodera) from the Paleocene of North America, Journal of Vertebrate Paleontology , vol.7, no.3, p237-251
D. Angst, C. Lécuyer, R. Amiot, E. Buffetaut, F. Fourel, F. Martineau, S. Legendre, A. Abourachid, A. Herrel, 2014, Isotopic and anatomical evidence of an herbivorous diet in the Early Tertiary giant bird *Gastornis*. Implications for the structure of Paleocene terrestrial ecosystems, Naturwissenschaften, 101:313–322
Elizabeth C. Sibert, Richard D. Norris, 2015, New Age of Fishes initiated by the Cretaceous–Paleogene mass extinction, PNAS, vol.112, no.26, p8537-8542
Erich D. Jarvis, Siavash Mirarab, Andre J. Aberer, Bo Li, Peter Houde, Cai Li, Simon Y. W. Ho, Brant C. Faircloth, Benoit Nabholz, Jason T. Howard, Alexander Suh, Claudia C. Weber, Rute R. da Fonseca, Jianwen Li, Fang Zhang, Hui Li, Long Zhou, Nitish Narula, Liang Liu, Ganesh Ganapathy, Bastien Boussau, Md. Shamsuzzoha Bayzid, Volodymyr Zavidovych, Sankar Subramanian, Toni Gabaldón, Salvador Capella-Gutiérrez, Jaime Huerta-Cepas, Bhanu Rekepalli, Kasper Munch, Mikkel Schierup, Bent Lindow, Wesley C. Warren, David Ray, Richard E. Green, Michael W. Bruford, Xiangjiang Zhan, Andrew Dixon, Shengbin Li, Ning Li, Yinhua Huang, Elizabeth P. Derryberry, Mads Frost Bertelsen, Frederick H. Sheldon, Robb T. Brumfield, Claudio V. Mello, Peter V. Lovell, Morgan Wirthlin, Maria Paula Cruz Schneider, Francisco Prosdocimi, José Alfredo Samaniego, Amhed Missael Vargas Velazquez, Alonzo Alfaro-Núñez, Paula F. Campos, Bent Petersen, Thomas Sicheritz-Ponten, An Pas, Tom Bailey, Paul Scofield, Michael Bunce, David M. Lambert, Qi Zhou, Polina Perelman, Amy C. Driskell, Beth Shapiro, Zijun Xiong, Yongli Zeng, Shiping Liu, Zhenyu Li, Binghang Liu, Kui Wu, Jin Xiao, Xiong Yinqi, Qiuemei Zheng, Yong Zhang, Huanming Yang, Jian Wang, Linnea Smeds, Frank E. Rheindt, Michael Braun, Jon Fjeldsa, Ludovic Orlando, F. Keith Barker, Knud Andreas Jønsson, Warren Johnson, Klaus-Peter Koepfli, Stephen O Brien, David Haussler, Oliver A. Ryder, Carsten Rahbek, Eske Willerslev, Gary R. Graves, Travis C. Glenn, John McCormack, Dave Burt, Hans Ellegren, Per Alström, Scott V. Edwards, Alexandros Stamatakis, David P. Mindell, Joel Cracraft, Edward L. Braun, Tandy Warnow, Wang Jun, M. Thomas P. Gilbert, Guojie Zhang, 2014, Whole-genome analyses resolve early branches in the tree of life of modern birds, Science, vol.346, Issue6215, p1320-1331

George E. Mustoe, David S. Tucker, Keith L. Kemplin, 2012, Giant Eocene bird footprints from northwest Washington, USA, Palaeontology, vol.55, Part6, p1293-1305

J. M. Kale Sniderman, 2009, Biased reptilian palaeothermometer?, nature, vol.460, BRIEF COMMUNICATIONS ARISING, doi:10.1038/nature08222

Jason J. Head, Jonathan I. Bloch, Alexander K. Hastings, Jason R. Bourque, Edwin A. Cadena, Fabiany A. Herrera, P. David Polly, Carlos A. Jaramillo, 2009, Giant boid snake from the Palaeocene neotropics reveals hotter past equatorial temperatures, nature, vol.457, doi:10.1038/nature07671

Jason J. Head, Jonathan I. Bloch, Alexander K. Hastings, Jason R. Bourque, Edwin A. Cadena, Fabiany A. Herrera, P. David Polly, Carlos A. Jaramillo, 2009, *Head* et al. reply, nature, vol.460, BRIEF COMMUNICATIONS ARISING, doi:10.1038/nature08225

Mark W. Denny, Brent L. Lockwood, George N. Somero, 2009, Can the giant snake predict palaeoclimate?, nature, vol.460, BRIEF COMMUNICATIONS ARISING, doi:10.1038/nature08224

R. Matsumoto, S. E. Evans, 2010, Choristoderes and the freshwater assemblages of Laurasia, Journal of Iberian Geology, 36 (2), p253-274

Ryoko Matsumoto, Susan E. Evans, 2015, Morphology and function of the palatal dentition in Choristodera, J. Anat., doi: 10.1111/joa.12414

Ryoko Matsumoto, Eric Buffetaut, Francois Escuillie, Sophie Hervet, Susan E. Evans, 2013, New material of the choristodere *Lazarussuchus* (Diapsida, Choristodera) from the Paleocene of France, Journal of Vertebrate Paleontology, vol.33, no.2, 319-339, doi: 10.1080/02724634.2012.716274

Susan E. Evans, Jozef Klembara, 2005, A Choristoderan reptile (Reprilia; Diapsida) from the Lower Miocene of northwest Bohemia (Czech republic), Journal of Vertebrate Paleontology, vol.25, no.1, p171-184

【第1部 第2章】
《一般書籍》
『講座進化3 古生物学からみた進化』編：柴谷篤弘、長野 敬、養老孟司、1991年刊行、東京大学出版会
『小学館の図鑑 NEO［新版］鳥』監修：上田恵介、指導・執筆：柚木 修、画：水谷高英ほか、2015年刊行、小学館
『鳥の起源と進化』著：アラン・フェドゥーシア、2004年刊行、平凡社
『Living Dinosaurs』編：Gareth Dyke, Gary Kaiser、2011年刊行、WILEY Blackwell
『Paleogene Fossil Birds』著：Gerald Mayr、2009年刊行、Springer
『Vertebrate Palaeontology FOURTH EDITION』著：Micael J. Benton、2015年刊行、WILEY Blackwell
《雑誌記事》
『ペンギンの数奇な歩み』著：R. E. フォーダイス、D. T. セプカ、日経サイエンス2013年3月号、p64-71、株式会社日経サイエンス
《WEBサイト》
第2編 保健衛生 第1章 保健 第2-6表 慎重・体重の平均値、性・年次×年齢別、厚生労働省、http://www.mhlw.go.jp/toukei/youran/indexyk_2_1.html
《プレス・リリース》
「多様性の比較から明らかになったペンギン様鳥類の絶滅 -ペンギンとクジラの競争-」足寄動物化石博物館、2014年4月14日
《学術論文》
Carolina Acosta Hospitaleche, 2014, New giant penguin bones from Antarctica: Systematic and paleobiological significance, C. R. Palevol, 13, 555-560

Carolina Acosta Hospitaleche, Marcelo Reguero, 2014, *Palaeeudyptes klekowskii*, the best-preserved penguin skeleton from the Eocene–Oligocene of Antarctica: Taxonomic and evolutionary remarks, Geobios, vol.47, Issue3, p77-85

Daniel B. Thomas, Daniel T. Ksepka, R. Ewan Fordyce, 2010, Penguin heat-retention structures evolved in a greenhouse Earth, Biol. Lett., 7, 461-464, doi:10.1098/rsbl.2010.0993

Daniel T. Ksepka, Julia A. Clarke, 2010, The basal penguin (Aves: Sphenisciformes) *Perudyptes devriesi* and a phylogenetic evaluation of the penguin fossil record, Bulletin of the American Museum of Natural History, no.337, p1-77

Daniel T. Ksepka, Julia A. Clarke, Thomas J. DeVries, Mario Urbina, 2008, Osteology of *Icadyptes salasi*, a giant penguin from the Eocene of Peru, J. Anat., 213, p131-147

Daniel T. Ksepka, R. Ewan Fordyce, Tatsuro Ando, Craig M. Jones, 2012, New fossil penguins (Aves, Sphenisciformes) from the Oligocene of New Zealand reveal the skeletal plan of stem penguins, Journal of Vertebrate Paleontology, vol.32, no.2, p235-254

Julia A. Clarke, Daniel T. Ksepka, Marcelo Stucchi, Mario Urbina, Norberto Giannini, Sara Bertelli, Yanina Narváez, Clint A. Boyd, 2007, Paleogene equatorial penguins challenge the proposed relationship between biogeography, diversity, and Cenozoic climate change, PNAS, vol.104, no28, p11545-11550

Julia A. Clarke, Daniel T. Ksepka, Rodolfo Salas-Gismondi, Ali J. Altamirano, Matthew D. Shawkey, Liliana D'Alba, Jakob Vinther, Thomas J. DeVries, Patrice Baby, 2010, Fossil Evidence for Evolution of the Shape and Color of Penguin Feathers, Science, vol.330, no.954, p954-957

Kazuhiko Sakurai, Masaichi Kimura, Takayuki Katoh, 2008, A new penguin-like bird (Pelecaniformes:Plotopteridae) from the Late Oligocene Tokoro Formation, northeastern Hokkaido, Japan, ORYCTOS, vol.7, p83-94

Kerryn E. Slack, Craig M. Jones, Tatsuro Ando, G. L.(Abby) Harrison, R. Ewan Fordyce, Ulfur Arnason, David Penny, 2006, Early Penguin Fossils, Plus Mitochondrial Genomes, Calibrate Avian Evolution, Mol. Biol. Evol., p1144-1155

R. Ewan Fordyce, C. M. Jones, 1990, Penguin History and New Fossil Material from New Zealand, Penguin Biology, p419-446

Soichiro Kawabe, Tatsuro Ando, Hideki Endo, 2013, Enigmatic affinity in the brain morphology between plotopterids and penguins, with a comprehensive comparison among water birds, Zoological Journal of the Linnean Society, doi: 10.1111/zoj.12072

Storrs L. Olson, Yoshikazu Hasegawa, 1979, Fossil Counterparts of Giant Penguins from the North Pacific, Science, vol.206, no.4419, p688-689

Tatsuro Ando, R. Ewan Fordyce, 2014, Evolutionary drivers for flightless, wing-propelled divers in the Northern and Southern Hemispheres, Palaeogeography, Palaeoclimatology, Palaeoecology, 400, 50-61

【第1部 第3章】
《一般書籍》
『小学館の図鑑NEO［新版］魚』監修・執筆：井田 齊，松浦啓一，指導・執筆：藍澤正宏，岩見哲夫，近江 卓，荻原清司，藪本美孝，朝日田卓，成澤哲夫ほか，撮影：松沢陽士，近江 卓ほか，2015年刊行，小学館
『小学館の図鑑NEO［新版］動物』指導・執筆：三浦慎吾，成島悦雄，伊澤雅子，吉岡 基，室山泰之，北垣憲仁，画：田中豊美ほか，2015年刊行，小学館
『小学館の図鑑 NEO［新版］鳥』監修：上田恵介，指導・執筆：柚木 修，画：水谷高英ほか，2015年刊行，小学館
『新版 絶滅哺乳類図鑑』著：冨田幸光，画：伊藤丙雄，岡本泰子，2011年刊行，丸善出版株式会社
『生物学辞典』編集：石川 統，黒岩常祥，塩見正衞，松本忠夫，守 隆夫，八杉貞雄，山本正幸，2010年刊行，東京化学同人
『FOSSIL ECOSYSTEMS OF NORTH AMERICA』著：John R. Nudds, Paul A. Selden, 2008年刊行, The University of Chicago Press
《学術論文》
Nancy B. Simmons, Kevin L. Seymour, Jörg Habersetzer, Gregg F. Gunnell, 2008, Primitive Early Eocene bat from Wyoming and the evolution of flight and echolocation, nature, vol.451, p818-822

【第1部 第4章】
《一般書籍》
『移行化石の発見』著：ブライアン・スウィーテク，2011年刊行，文藝春秋
『ザ・リンク』著：コリン・タッジ，2009年刊行，早川書房
『小学館の図鑑NEO［新版］魚』監修：井田 齊，松浦啓一，指導・執筆：藍澤正宏，岩見哲夫，近江 卓，荻原清司，藪本美孝，朝日田卓，成澤哲夫ほか，撮影：松沢陽士，近江 卓ほか，2015年刊行，小学館
『世界カエル図鑑300種』著：クリス・マチソン，2008年刊行，ネコ・パブリッシング
『世界の化石遺産』著：P. A. セルデン，J. R. ナッズ，2009年刊行，朝倉書店
『新版 絶滅哺乳類図鑑』著：冨田幸光，画：伊藤丙雄，岡本泰子，2011年刊行，丸善出版株式会社
『MESSEL』編：Stephan Schaal, Willi Ziegler, 1992年刊行, Oxford University Press
《雑誌記事》
「人類誕生のヒミツ」子供の科学2016年1月号，p12-19，誠文堂新光社
《特別展図録》
『生命大躍進』2015年，国立科学博物館
《WEBサイト》
AGE-OLD：Relationship between birds and flowers, 2014年5月28日, Senckenberg, http://www.senckenberg.de/root/index.php?page_id=5210&year=2014&kid=2&id=3165
Darwinius fossil: longer in the tooth than we thought?, Don Campbell, 2015年9月14日, U of T News, University of Toronto, http://news.utoronto.ca/darwinius-fossil-longer-tooth-we-thought
Messel Pit Fossil Site, UNESCO, http://whc.unesco.org/en/list/720
《学術論文》
Erik R. Seiffert, Jonathan M. G. Perry, Elwyn L. Simons, Doug M. Boyer, 2009, Convergent evolution of anthropoid-like adaptations in Eocene adapiform primates, nature, vol.461, p1118-1122
Gerald Mayr, Volker Wilde, 2014, Eocene fossil is earliest evidence of flower visiting by birds. Biol. Lett., 10: 20140223. http://dx.doi.org/10.1098/rsbl.2014.0223
Jens Lorenz Franzen, Christine Aurich, Jörg Habersetzer, 2015, Description of a Well Preserved Fetus of the European Eocene Equoid *Eurohippus messelensis*, PLoS ONE, 10(10): e0137985. doi:10.1371/journal.pone.0137985
Jens Lorenz Franzen, Philip D. Gingerich, Jörg Habersetzer, Jørn H. Hurum, Wighart von Koenigswald, B. Holly Smith, 2009, Complete Primate Skeleton from the Middle Eocene of Messel in Germany: Morphology and Paleobiology, PLoS ONE, 4(5): e5723. doi:10.1371/journal.pone.0005723
Rex Dalton, 2009, Fossil primate challenges Ida's place, nature NEWS, vol.461, p1040
Sergi López-Torres, Michael A. Schillaci, Mary T. Silcox, 2015, Life history of the most complete fossil primate skeleton: exploring growth models for *Darwinius*, R. Soc. open sci., 2: 150340. http://dx.doi.org/10.1098/rsos.150340

【第1部 第5章】
《一般書籍》
『化石の分子生物学』著：更科 功，2012年刊行，講談社現代新書
『完璧版 宝石の写真図鑑』著：キャリー・ホール，1996年刊行，日本ヴォーグ社
『古生物学事典 第2版』編集：日本古生物学会，2010年刊行，朝倉書店
『コンサイス外国地名事典 第3版』監修：谷岡武雄，編集：三省堂編集所，1998年刊行，三省堂
『世界の化石遺産』著：P. A. セルデン，J. R. ナッズ，2009年刊行，朝倉書店
『Atlas of Plants and Animals in Baltic Amber』著：Wolfgang Weitschat, Wilfied Wichard, 2002年刊行, Verlag Dr. Friedrich Pfeil
《学術論文》
Michael G. Rix, Mark S. Harvey, 2011, Australian Assassins, Part I: A review of the Assassin Spiders (Araneae, Archaeidae) of mid-eastern Australia, ZooKeys, 123: 1-100, doi: 10.3897/zookeys.123.1448

【第1部 第6章】
《一般書籍》
『小学館の図鑑 NEO［新版］動物』指導・執筆：三浦慎吾，成島悦雄，伊澤雅子，吉岡 基，室山泰之，北垣憲仁，画：田中豊美ほか，2015年刊行，小学館
『新版 絶滅哺乳類図鑑』著：冨田幸光，画：伊藤丙雄，岡本泰子，2011年刊行，丸善出版株式会社
『生命と地球の進化アトラス3』著：イアン・ジェンキンス，2004年刊行，朝倉書店
『脊椎動物の進化 原著第5版』著：エドウィン・H・コルバート，マイケル・モラレス，イーライ・C・ミンコフ，2004年刊行，築地書館
『Newton別冊 生命史35億年の大事件ファイル』2010年刊行，ニュートンプレス
『After the Dinosaurs』著：Donald R. Prothero, 2006年刊行, Indiana University Press

『The Beginning of the Age of Mammals』著：Kenneth D. Rose、2006年刊行、The Johns Hopkins University Press
『Vertebrate Palaeontology FOURTH EDITION』著：Micael J. Benton、2015年刊行、WILEY Blackwell
《WEBサイト》
Indricotherium、American Museum of Natural History、http://www.amnh.org/exhibitions/extreme-mammals/meet-your-relatives/indricotherium
《学術論文》
Spencer G. Lucas、Jay C. Sobus、1989、The systematics of Indricotheres、The Evolution of Perissodactyls、p358-378
William J. Sanders、John Kappelman、D. Tab Rasmussen、2004、New large-bodied mammals from the late Oligocene site of Chilga、Ethiopia、Acta Palaeontologica Polonica、49 (3): 365–392

【第1部 第7章】
《一般書籍》
『古生物学事典 第2版』編集：日本古生物学会、2010年刊行、朝倉書店
『新版 絶滅哺乳類図鑑』著：冨田幸光、伊藤丙雄、岡本泰子、2011年刊行、丸善出版株式会社
『水辺で起きた大進化』著：カール・ジンマー、2000年刊行、早川書房
『ポプラディア大図鑑　WONDA 大昔の生きもの』監修：大橋智之、奥村よほ子、川辺文久、木村敏之、小林快次、高桑祐司、中島 礼、執筆：土屋 健、ポプラ社
『Newton別冊 恐竜・古生物ILLUSTRATED』2010年刊行、ニュートンプレス
『Newton別冊 生命史35億年の大事件ファイル』2010年刊行、ニュートンプレス
『Marine mammals THIRD EDITION』著：Annalisa Berta、James L. Sumich、Kit M. Kovacs、2015年刊行、Academic Press
『Return to the sea』著：Annalisa Berta、2012年刊行、University of California Press
『The Emergence of Whales』編：J. G. M. Thewissen、1998年刊行、Springer
『The walking whales』著：J. G. M. "Hans" Thewissen、2014年刊行、University of California Press
『Vertebrate Palaeontology FOURTH EDITION』著：Micael J. Benton、2015年刊行、WILEY Blackwell
《WEBサイト》
シリーズ：氷がつくる海洋大循環(2)世界で一番重い水、南極底層水、2011年3月、大島慶一郎、北海道大学 大学院環境科学院 地球圏科学専攻 大気海洋物理学・気候力学コース、http://wwwoa.ees.hokudai.ac.jp/readings/2011/ohshima_ice-ocean02.html
《学術論文》
新村龍也、安藤達郎、前寺喜世子、森 尚子、澤村 寛、2011、歯のあるヒゲクジラ *Aetiocetus polydentatus* の復元、化石、90、p1-2
Edward D. Mitchell、1989、A new Cetacean from the Late Eocene La Meseta Formation、Seymour Island、Antarctic Peninsula、Can. J. Fish. Aqua. Sci.、vol.46、p2219-2235
Erich M. G. Fitzgerald、2006、A bizarre new toothed mysticete (Cetacea) from Australia and the early evolution of baleen whales、Proc. R. Soc. B.、273、p2955–2963、doi:10.1098/rspb.2006.3664
Julia M. Fahlke、2012、Bite marks revisited – evidence for middle-to-late Eocene *Basilosaurus isis* predation on *Dorudon atrox* (both Cetacea, Basilosauridae)、Palaeontologia Electronica Vol. 15, Issue 3; 32A,16p; palaeo-electronica.org/content/2012-issue-3-articles/339-archaeocete-predation
Philip D. Gingerich、Munir ul-Haq、Wighart von Koenigswald、William J. Sanders、B. Holly Smith、Iyad S. Zalmout、2009、New Protocetid Whale from the Middle Eocene of Pakistan: Birth on Land, Precocial Development, and Sexual Dimorphism、PLoS ONE、4(2): e4366. doi:10.1371/journal.pone.0004366
S. Bajpai、J. G. M. Thewissen、A. Sahni、2009、The origin and early evolution of whales: macroevolution documented on the Indian Subcontinent、J. Biosci.、34、p673-686
Thomas A. Deméré、Annalisa Berta、2008、Skull anatomy of the Oligocene toothed mysticete *Aetioceus weltoni* (Mammalia; Cetacea): implications for mysticete evolution and functional anatomy、Zoological Journal of the Linnean Society、154、p308-352
Yoshihiko Okazaki、2012、A new mysticete from the upper Oligocene Ashiya Group, Kyushu, Japan and its significance to mysticete evolution、北九州市立自然史・歴史博物館研究報告、A類自然史、第10号、p129-152

索引

図版掲載ページは太数字

アカギツネ ………… 29
Vulpes vulpes
アジアゾウ ………… 53, 59
Elephas maximus
アデリーペンギン ……… 86
Pygoscelis adeliae
アトラクトステウス ……… **114**, 115
Atractosteus
アナンクス ………… **67**, 68
Anancus
アブラコウモリ ………… 103
Pipistrellus abramus
アフラダピス ………… 127
Afradapis
アフリカゾウ ………… 53, 145
Loxodonta africana
アフリカノロバ→エクウスの項を参照
Equus africanus
アミア・カルヴァ ……… 115
Amia calva
アミメニシキヘビ ……… 80, 117
Python reticulatus
アルカエア ………… 130, **131**
Archaea
アルカエオテリウム …… 107, **108**, 111
Archaeotherium
アルカエオニクテリス … 117, 118, **119**
Archaeonycteris
アルクトドゥス ………… 39, 40, 41, **56**
Arctodus
アルシノイテリウム……… 149, **150**, 151
Arsinoitherium
アンドリュウサルクス …… **138**, **139**, 140
Andrewsarchus
アンフィキオン ………… **38**, 39
Amphicyon
アンブロケトゥス ……… 155, **156**, **157**, 158, 159, 160
Ambulocetus
イーダ→ダーウィニウスの項を参照

イカディプテス ………… 92, **93**, 94
Icadyptes
イカロニクテリス ……… 103, **104**, 105
Icaronycteris
イタチ ………… 10, 31
Mustela itatsi
イヌ／オオカミ→カニス・ファミリアリスの項を参照

イボイノシシ ………… 107
Phacochoerus aethiopicus
インカヤク ………… 88, **89**
Inkayacu
インドヒウス ………… **152**, **153**, 155, 161
Indohyus
インドリコテリウム……… **142**, **143**, **144**, 145, 146
Indricotherium

ウィンタテリウム ………… 136, **137**
Uintatherium
ウマ→エクウスの項を参照
Equus caballus
エウロヒップス ………… 117, 119, 120, **121**
Eurohippus
エオペロバテス ………… **115**, **116**
Eopelobates
エクウス ………… 42, **43**, **52**, 53
Equus
エティオケトゥス ……… **169**, **170**, **171**, 172
Aetiocetus
エムボロテリウム ……… 146, **147**
Embolotherium
エリテリウム ………… **54**, 55
Eritherium
エレティスクス ………… **94**, 95
Eretiscus
オオアナコンダ ………… 80, 81
Eunectes murinus
オキゴンドウ ………… 164
Pseudorca crassidens
オニコニクテリス ……… 103, **105**
Onychonycteris
カイルク ………… **94**
Kairuku
ガストルニス ………… 82, **83**, **84**
Gastornis
カツオ ………… 85
Katsuwonus pelamis
カニス・ダイルス ……… 34, **35**, **56**
Canis dirus
カニス・ファミリアリス … 9, 10, 11, 12, 29, 31, 32, 33, 34, 35, 36, **37**, 38, 39, 154
Canis familiaris
カバ ………… 55, 58
Hippopotamus amphibius
キクルス ………… **115**
Cyclurus
クッチケトゥス ………… **158**, 160
Kutchicetus
クロッソフォリス ……… **102**, 103
Crossopholis
クロマグロ ………… 85
Thunnus orientalis
ケイリディウム ………… **133**
Cheiridium
ケープペンギン ………… 92
Spheniscus demersus
ケナガマンモス ………… **65**
Mammuthus primigenius
コウテイペンギン ……… 86, 92, 94, 96
Aptenodytes forsteri
コガタペンギン ………… 95
Eudyptula

索引

図版掲載ページは太数字

コビトカバ 58
Choeropsis liberiensis

コペプテリクス 96
Copepteryx

コヨーテ 33
Canis latrans

ゴンフォテリウム 61, **62**, **63**, 64, 65
Gomphotherium

ザトウクジラ 168
Megaptera novaeangliae

サバンナシマウマ 42
Equus quagga

サンマ 85
Cololabis saira

シモエドサウルス 76, **77**, 78, 79
Simoedosaurus

ジャガー 23, 24
Panthera onca

シャチ 168
Orcinus orca

ジャンジュケトゥス **172**
Janjucetus

シロサイ 146
Ceratotherium simum

シロナガスクジラ 168
Balaenoptera musculus

スッキニラケルタ **134**
Succinilacerta

ステゴテトラベロドン 56, 63, **64**, 65
Stegotetrabelodon

スポテッド・ガー 115
Lepisosteus oculatus

スミロドン 19, 24, **25**, **26**, 27, 28, 35, 57
Smilodon

セグロジャッカル 33
Canis mesomelas

ゼノスミルス 19, **22**, 24
Xenosmilus

セミクジラ 168
Eubalaena japonica

ゾウムシの一種 **131**

ダーウィニウス 124, **125**, **126**, 127
Darwinius

ダイアウルフ→カニス・ダイルスの項を参照

タヌキ 29
Nyctereutes procyonoides

チーター 13
Acinonyx jubatus

チャンプソサウルス **74**, **76**, 77, 78, 79
Champsosaurus

ティタノボア **80**, **81**, 82
Titanoboa

ディニクチス 13, **15**, 16, 111
Dinictis

デイノテリウム **66**, 68
Deinotherium

ディンゴ 33
Canis lupus dingo

デルフィノルニス 89, 90, 93
Delphinornis

トラ 13, 19, 28, 138
Panthera tigris

ドルドン 163, **164**, **165**
Dorudon

ドルマーロキオン 10, 11
Dormaalocyon

ナイティア **100**, **101**
Knightia

ナガスクジラ 162
Balaenoptera physalus

ニンニクガエル 115, 116
Pelobates fuscus

ネコ→フェリス・カトゥスの項を参照

ノトゴネウス 101, **102**, 103
Notogoneus

パキケトゥス 153, **154**, 155, 156, 165
Pakicetus

パキディプテス 93
Pachydyptes

バシロサウルス **161**, **162**, 163, 164, 165
Basilosaurus

パラエウディプテス 93, 94
Palaeeudyptes

パラエオピトン **117**
Palaeopython

バラの花 **135**

バルボロフェリス **16**, 17
Barbourofelis

パレオフィジテス **132**
Palaeofigites

ヒアエノドン **110**, 111
Hyaenodon

ヒグマ 38, 39, 40
Ursus arctos

ヒッパリオン 49, **50**, 51
Hipparion

ヒョウ 16, 17, 28
Panthera pardus

ヒラコテリウム 43, **44**, 45, 46, **52**, 55, **56**, **106**, 119
Hyracotherium

ヒラコドン **109**, 111
Hyracodon

ヒラメ 85
Paralichthys olivaceus

フィオミア 59, **60**, 61
Phiomia

フェリス・カトゥス	9, 10, 11, 12, 13, 28, **29**, 31, 36	マンモス	54
Felis catus		*Mammuthus*	
フェレット（ヨーロッパケナガイタチ）	10	ミアキス	10, 11, 31, 45, **56**
Mustela putorius		*Miacis*	
フォスファテリウム	55, **57**	ムササビ	103
Phosphatherium		*Petaurista leucogenys*	
プミリオルニス	122, **123**	メガセロプス	146, **148**
Pumiliornis		*Megacerops*	
プラティベロドン	59, 60, **61**, 63, 65	メガネグマ	40
Platybelodon		*Tremarctos ornatus*	
プリオヒップス	49, **51**, 57	メガンテレオン	19, **23**, 24
Pliohippus		*Megantereon*	
プリスカカラ	101, **102**, 103	メジストテリウム	**140**
Priscacara		*Megistotherium*	
プルパブス	10, 11	メソヒップス	46, **47**, 49, **52**, 111
Vulpavus		*Mesohippus*	
プロトプテルム	95, **96**	メタイルルス	**18**, 19, 24
Plotopterum		*Metailurus*	
プロパラエオテリウム	117, 119, **120**, 121	メリキップス	46, **48**, 49, 50, **52**
Propalaeotherium		*Merychippus*	
ヘスペロキオン	29, **30**, 31, 32, 37, 41, **111**	モウコノウマ→エクウスの項を参照	
Hesperocyon		*Equus ferus*	
ヘミキオン	39, 40	モエリテリウム	55, **58**, 59
Hemicyon		*Moeritherium*	
ペルディプテス	90, **91**, 92	ヤマアリの一種	**132**
Perudyptes			
ボア	**80**	ヤマトケトゥス	172, **173**
Boa constrictor		*Yamatocetus*	
ホッカイドルニス	96, **97**, **98**	ライオン	13, 16, 17, 19, 20, 28, 138, 140
Hokkaidornis		*Panthera leo*	
ホッキョクグマ	40	ラザルスクス	76, **78**
Ursus maritimus		*Lazarusuchus*	
ホプロフォネウス	13, **14**, 16, 17, **111**	リカオン	29
Hoplophoneus		*Lycaon pictus*	
ホモテリウム	19, **21**, 22	リバビペス	83, 84
Homotherium		*Rivavipes*	
ボロファグス	32, **33**, 37, 41	リムノフレガタ	**106**
Borophagus		*Limnofregata*	
マイアケトゥス	158, **159**, 160, 161	リャノケトゥス	**168**, 169
Maiacetus		*Llanocetus*	
マイルカ	168	レプティクティディウム	117, **118**
Delphinus delphis		*Leptictidium*	
マカイロドゥス	19, **20**, 21	レプトキオン	**31**, 32
Machairodus		*Leptocyon*	
マダイ	85	ワイマヌ	86, **87**, **88**, 89, 90, 92, 96, 98
Pagrus major		*Waimanu*	
マッコウクジラ	168		
Physeter macrocephalus			
松ぼっくり	**134**		
マルミミゾウ	53		
Loxodonta cyclotis			
マレーグマ	40		
Helarctos malayanus			

学名一覧表

Acinonyx jubatus	チーター	*Dinictis*	ディニクチス
Aetiocetus	エティオケトウス	*Dormaalocyon*	ドルマーロキオン
Afradapis	アフラダピス	*Dorudon*	ドルドン
Ambulocetus	アンブロケトウス	*Elephas maximus*	アジアゾウ
Amia calva	アミア・カルヴァ	*Embolotherium*	エムボロテリウム
Amphicyon	アンフィキオン	*Eopelobates*	エオペロバテス
Anancus	アナンクス	*Equus africanus*	アフリカノロバ
Andrewsarchus	アンドリュウサルクス	*Equus caballus*	エクウス・カバルス（ウマ）
Aptenodytes forsteri	コウテイペンギン	*Equus ferus*	エクウス・フェルス（モウコノウ
Archaea	アルカエア	*Equus quagga*	サバンナシマウマ
Archaeonycteris	アルカエオニクテリス	*Eretiscus*	エレティスクス
Archaeotherium	アルカエオテリウム	*Eritherium*	エリテリウム
Arctodus	アルクトドゥス	*Eubalaena japonica*	セミクジラ
Arsinoitherium	アルシノイテリウム	*Eudyptula*	コガタペンギン
Atractosteus	アトラクトステウス	*Eunectes murinus*	オオアナコンダ
Balaenoptera musculus	シロナガスクジラ	*Eurohippus*	エウロヒップス
Balaenoptera physalus	ナガスクジラ	*Felis catus*	フェリス・カトウス（ネコ）
Barbourofelis	バルボロフェリス	*Gastornis*	ガストルニス
Basilosaurus	バシロサウルス	*Gomphotherium*	ゴンフォテリウム
Boa constrictor	ボア	*Helarctos malayanus*	マレーグマ
Borophagus	ボロファグス	*Hemicyon*	ヘミキオン
Canis dirus	カニス・ダイルス（ダイアウルフ）	*Hesperocyon*	ヘスペロキオン
Canis familiaris	カニス・ファミリアリス（イヌ/オオカミ）	*Hipparion*	ヒッパリオン
Canis latrans	コヨーテ	*Hippopotamus amphibius*	カバ
Canis lupus dingo	ディンゴ	*Hokkaidornis*	ホッカイドルニス
Canis mesomelas	セグロジャッカル	*Homotherium*	ホモテリウム
Ceratotherium simum	シロサイ	*Hoplophoneus*	ホプロフォネウス
Champsosaurus	チャンプソサウルス	*Hyaenodon*	ヒアエノドン
Cheiridium	ケイリディウム	*Hyracodon*	ヒラコドン
Choeropsis liberiensis	コビトカバ	*Hyracotherium*	ヒラコテリウム
Cololabis saira	サンマ	*Icadyptes*	イカディプテス
Copepteryx	コペプテリクス	*Icaronycteris*	イカロニクテリス
Crossopholis	クロッソフォリス	*Indohyus*	インドヒウス
Cyclurus	キクルス	*Indricotherium*	インドリコテリウム
Darwinius	ダーウィニウス	*Inkayacu*	インカヤク
Deinotherium	デイノテリウム	*Janjucetus*	ジャンジュケトウス
Delphinornis	デルフィノルニス	*Kairuku*	カイルク
Delphinus delphis	マイルカ	*Katsuwonus pelamis*	カツオ

Knightia	ナイティア	*Panthera pardus*	ヒョウ
Kutchicetus	クッチケトゥス	*Panthera tigris*	トラ
Lazarusuchus	ラザルスクス	*Paralichthys olivaceus*	ヒラメ
Lepisosteus oculatus	スポテッド・ガー	*Pelobates fuscus*	ニンニクガエル
Leptictidium	レプティクティディウム	*Perudyptes*	ペルディプテス
Leptocyon	レプトキオン	*Petaurista leucogenys*	ムササビ
Limnofregata	リムノフレガタ	*Phacochoerus aethiopicus*	イボイノシシ
Llanocetus	リャノケトゥス	*Phiomia*	フィオミア
Loxodonta africana	アフリカゾウ	*Phosphatherium*	フォスファテリウム
Loxodonta cyclotis	マルミミゾウ	*Physeter macrocephalus*	マッコウクジラ
Lycaon pictus	リカオン	*Pipistrellus abramus*	アブラコウモリ
Machairodus	マカイロドゥス	*Platybelodon*	プラティベロドン
Maiacetus	マイアケトゥス	*Pliohippus*	プリオヒップス
Mammuthus	マンモス	*Plotopterum*	プロトプテルム
Mammuthus primigenius	ケナガマンモス	*Priscacara*	プリスカカラ
Megacerops	メガセロプス	*Propalaeotherium*	プロパラエオテリウム
Megantereon	メガンテレオン	*Pseudorca crassidens*	オキゴンドウ
Megaptera novaeangliae	ザトウクジラ	*Pumiliornis*	プミリオルニス
Megistotherium	メジストテリウム	*Pygoscelis adeliae*	アデリーペンギン
Merychippus	メリキップス	*Python reticulatus*	アミメニシキヘビ
Mesohippus	メソヒップス	*Rivavipes*	リバビペス
Metailurus	メタイルルス	*Simoedosaurus*	シモエドサウルス
Miacis	ミアキス	*Smilodon*	スミロドン
Moeritherium	モエリテリウム	*Spheniscus demersus*	ケープペンギン
Mustela itatsi	イタチ	*Succinilacerta*	スッキニラケルタ
Mustela putorius	フェレット（ヨーロッパケナガイタチ）	*Stegotetrabelodon*	ステゴテトラベロドン
Notogoneus	ノトゴネウス	*Thunnus orientalis*	クロマグロ
Nyctereutes procyonoides	タヌキ	*Titanoboa*	ティタノボア
Onychonycteris	オニコニクテリス	*Tremarctos ornatus*	メガネグマ
Orcinus orca	シャチ	*Uintatherium*	ウィンタテリウム
Pachydyptes	パキディプテス	*Ursus arctos*	ヒグマ
Pagrus major	マダイ	*Ursus maritimus*	ホッキョクグマ
Pakicetus	パキケトゥス	*Vulpavus*	ブルパブス
Palaeeudyptes	パラエエウディプテス	*Vulpes vulpes*	アカギツネ
Palaeof igites	パレオフィジテス	*Waimanu*	ワイマヌ
Palaeopython	パラエオピトン	*Xenosmilus*	ゼノスミルス
Panthera leo	ライオン	*Yamatocetus*	ヤマトケトゥス
Panthera onca	ジャガー		

■ 著者略歴

土屋 健(つちや・けん)

オフィス ジオパレオント代表。サイエンスライター。埼玉県生まれ。金沢大学大学院自然科学研究科で修士号を取得（専門は地質学、古生物学）。その後、科学雑誌『Newton』の記者編集者を経て独立し、現職。近著に『白亜紀の生物 上巻』『白亜紀の生物 下巻』（ともに技術評論社）、『「もしも?」の図鑑 古生物の飼い方』（実業之日本社）、『ザ・パーフェクト』（誠文堂新光社）など。監修書に『ときめく化石図鑑』（著：土屋 香、山と渓谷社）。

■ 監修団体紹介

群馬県立自然史博物館(ぐんまけんりつしぜんしはくぶつかん)

世界遺産「富岡製糸場」で知られる群馬県富岡市にあり、地球と生命の歴史、群馬県の豊かな自然を紹介している。1996年開館の「見て・触れて・発見できる」博物館。常設展示「地球の時代」には、全長15mのカマラサウルスの実物骨格やブラキオサウルスの全身骨格、ティラノサウルス実物大ロボット、トリケラトプスの産状復元と全身骨格などの恐竜をはじめ、三葉虫の進化系統樹やウミサソリ、皮膚の印象が残ったヒゲクジラ類化石やヤベオオツノジカの全身骨格などが展示されている。そのほかにも、群馬県の豊かな自然を再現したいくつものジオラマ、ダーウィン直筆の手紙、アウストラロピテクスなど化石人類のジオラマなどが並んでいる。企画展も年に3回開催。
http://www.gmnh.pref.gunma.jp/

```
         編集 ■ ドゥ アンド ドゥ プランニング有限会社
  装幀・本文デザイン ■ 横山明彦(WSB inc.)
     古生物イラスト ■ えるしまさく 小堀文彦(AEDEAGUS)
         シーン復元 ■ 小堀文彦(AEDEAGUS)
            作図 ■ 土屋 香
```

生物ミステリーPRO
古第三紀・新第三紀・第四紀の生物　上巻

発 行 日	2016年8月25日 初版 第1刷発行
著　者	土屋 健
発行者	片岡 巖
発行所	株式会社技術評論社 東京都新宿区市谷左内町21-13 電話　03-3513-6150 販売促進部 　　　03-3267-2270 書籍編集部
印刷／製本	大日本印刷株式会社

定価はカバーに表示してあります。
本書の一部または全部を著作権法の定める範囲を超え、無断で複写、複製、転載あるいはファイルに落とすことを禁じます。

© 2016 土屋 健
ドゥ アンド ドゥ プランニング有限会社

造本には細心の注意を払っておりますが、万一、乱丁（ページの乱れ）や落丁（ページの抜け）がございましたら、小社販売促進部までお送りください。
送料小社負担にてお取り替えいたします。

ISBN978-4-7741-8252-0 C3045
Printed in Japan